KB135663

한국의 비해산 패류
Non-Marine Mollusks of Korea

한국의 비해산 패류

Non-Marine Mollusks of Korea

펴낸날 2019년 6월 20일 초판 1쇄

지은이 이준상 · 민덕기

만들어 펴낸이 정우진 · 이주희 · 강진영

꾸민이 강대현

펴낸곳 우)04091 서울 마포구 토정로 222 한국출판협동조합 420호

편집부 (02) 3272-8863

영업부 (02) 3272-8865

팩 스 (02) 717-7725

이메일 bullsbook@hanmail.net / bullsbook@naver.com

등 록 제22-243호(2000년 9월 18일)

ISBN 979-11-86821-35-0 93490

황소걸음 아카데미 Slow & Steady

이 도서의 국립중앙도서관 출판예정도서목록(CIP)은 서지정보유통지원시스템 홈페이지(http://seoji.nl.go.kr)와 국가자료종합목록 구축시스템(http://kolis-net.nl.go.kr)에서 이용하실 수 있습니다.

(CIP제어번호 : CIP2019021134)

한국의 비해산 패류

Non-Marine Mollusks of Korea

지은이

이준상 · 민덕기

Dr. Jun-Sang Lee & Duk-Ki Min

황소걸음
아카데미
Slow & Steady

머리말

이 책에 소개되는 188종의 연체동물은 우리나라에 자생하는 비해산성 연체동물이다. 비해산 연체동물은 담수산 또는 육산 연체동물로 구분하기도 하지만, 이들 무리도 다양한 형태와 기능으로 변화하는 환경에 적응하여 진화해 왔기 때문에 단순히 사는 장소가 분류학적 형질로 적용되지는 않는다. 다른 분류군과 마찬가지로 연체동물의 대부분은 바다에서 살아가는 해산성이고, 비해산성 연체동물은 담수역인 민물, 민물과 바닷물이 혼합되는 기수역 그리고 육상에 서식하며, 호흡기관은 폐 또는 아가미이다. 특히 폐호흡을 하는 연체동물은 모두 비해산 연체동물 범주에 포함하여, 삿갓조개류와 같이 바닷가 암반 위에 붙어사는 고랑딱개비는 폐호흡을 하는 비해산성 복족류이다. 우리나라에 자생하는 비해산 연체동물은 현재까지 180여 종이 알려져 있고 이들은 서식지별로 기수역에서 17종, 담수역에서 45여 종, 바닷가 염습지나 바위틈에서 18종, 그리고 육상에서 100여 종이 발견되고 있다. 기수역 연체동물은 주로 서·남해안의 하구나 동해안의 석호에서 발견되지만, 하구언 공사나 석호 매립 등으로 이들의 서식처가 갈수록 줄어들고 있다. 담수역의 연체동물은 냄새나는 시궁창부터 시냇물, 강, 댐호, 저수지 그리고 맑은 용천수에 이르기까지 순 민물 환경에서 서식하는 무리들이다. 마지막으로 육상 연체동물은 바닷물에 잠기지 않는 바닷가 주변의 돌 틈부터 내륙의 밭가, 산과 들, 빛이 들지 않는 깊숙한 석회동굴에까지 살고 있는 무리를 일컫는다. 이렇듯 비해산 패류는 우리 주변에서 쉽게 볼 수 있는 종에서부터 평생 한번 볼까 말까 한 것까지 다양한 서식 환경을 개척하여 적응에 성공한 진화의 산물들이다.

해산 연체동물은 알에서 부화하여 담륜자나 피면자 유생 시기에 파도나 해류에 실려 멀리까지 이동할 수 있어 어느 한 지역에서 고립된 특산종이 될 가능성이 매우 낮다. 어떤 해산 패류는 서식 범위가 전 세계적인 것도 있다. 하지만 비해산성 연체동물은 사정이 다르다. 이들은 담수라는 한정된 수계 또는 육상이라는 제한된 장소에서 멀리 이동하지 못하고 오랫동안 고립되어 살아 왔기 때문에 말 그대로 고립종이 된 경우가 많다. 세계 어디에서도 찾아볼 수

없는 우리나라만의 고유한 특산 연체동물은 모두 담수 또는 육상에서 살고 있는 종들이다. 따라서 이들은 오래 전에 자신들의 조상이 살던 그 자리에서 계속 세대 메움을 반복하고 있다. 다시 말하면 이들은 변화하는 환경에 따라 거주지를 옮겨 다니지 않고 그럴 재주도 없다. 우리 땅에서 자생하는 모든 생물 하나하나가 나름의 귀한 가치가 있겠지만 그래도 우리 땅에서만 살아가는 무리는 더욱 보호해야 할 가치가 있지 않을까.

시대가 변하면서 분류 방식과 이에 따른 분류 체계도 점진적으로 변하여 왔다. 근래에 들어 과거의 전통적인 분류 방법에 DNA 염기서열을 근간으로 하는 새로운 분류 도구를 접목함으로 지구상에 기록된 생물들의 자리매김에 일대 혁신이 이루어진 듯하다. 이 책에서 소개하는 연체동물의 분류체계는 World Register of Marine Species(WoRMS)를 따랐으며, 부분적으로 Higo, Callomon, Goto (1999)의 저서를 참고하였다.

2019년 6월

춘천에서 **이준상**

차례

용어 해설 및 도해

복족류 부분 명칭

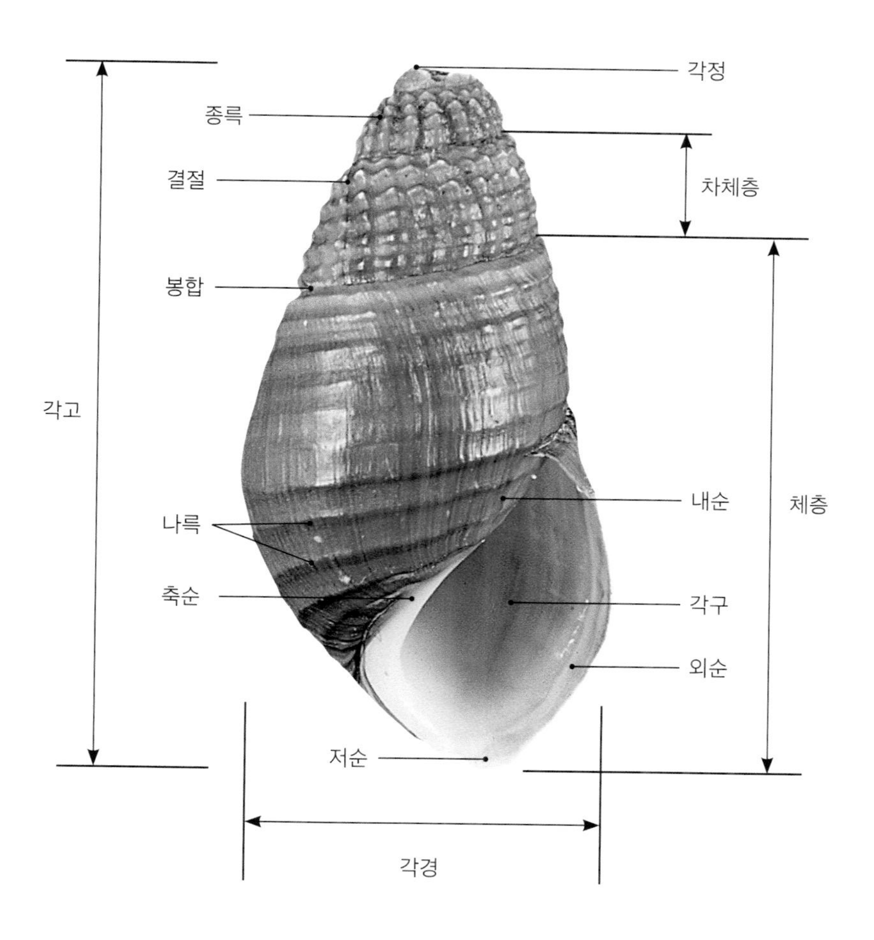

이매패류 부분 명칭

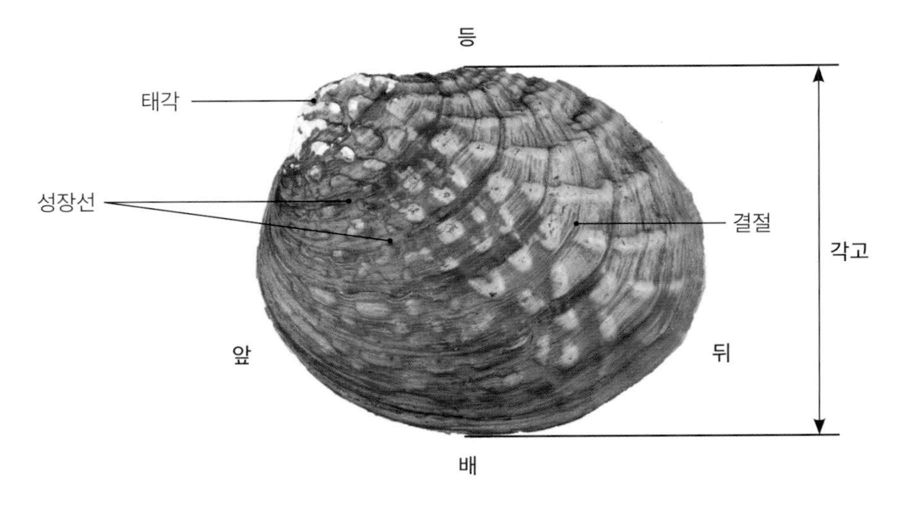

왼쪽패각

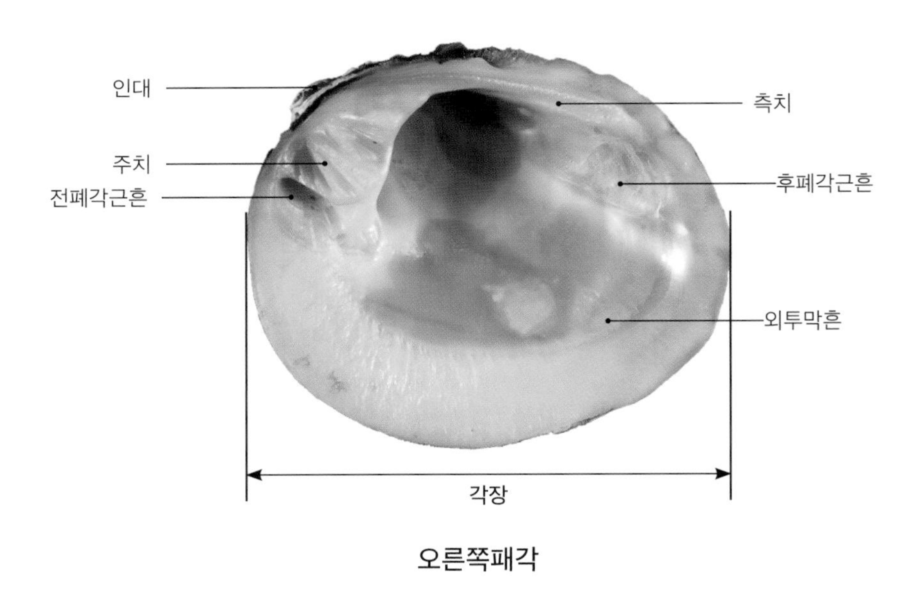

오른쪽패각

용어 해설

각(角): 복족류 체층 주연부를 따라 연속된 마루가 생기는데 이것을 각, 또는 용골(龍骨)이라고 한다. 종에 따라서 각의 예리하거나 둔한 정도가 다르다. → **주연(周緣)**

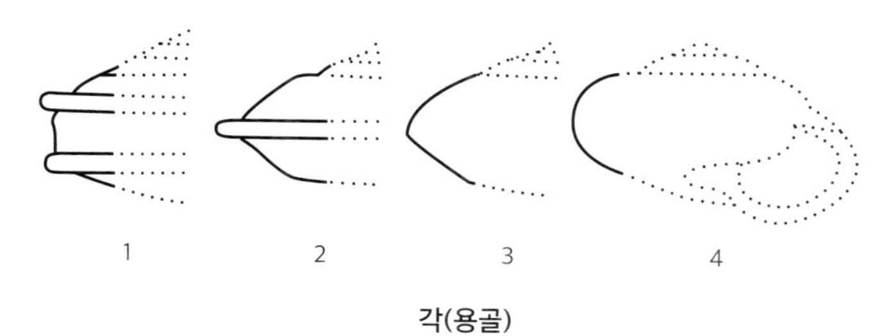

각(용골)
1. 이중용골이 있는 주연부 2. 용골이 있는 주연부 3. 각이 예리한 주연부 4. 각이 없는 주연부

각경(殼經) → 나탑(螺塔)

각고(殼高) → 나탑(螺塔)

각구(殼口): 복족류의 연체부가 나오고 들어가는 입구를 말한다. 각구를 막는 뚜껑이 있는 종과 없는 종이 있다. 각구 가장자리는 종에 따라 얇거나 두껍고, 오래된 개체는 반곡(反曲) 즉 뒤로 젖혀지기도 한다.

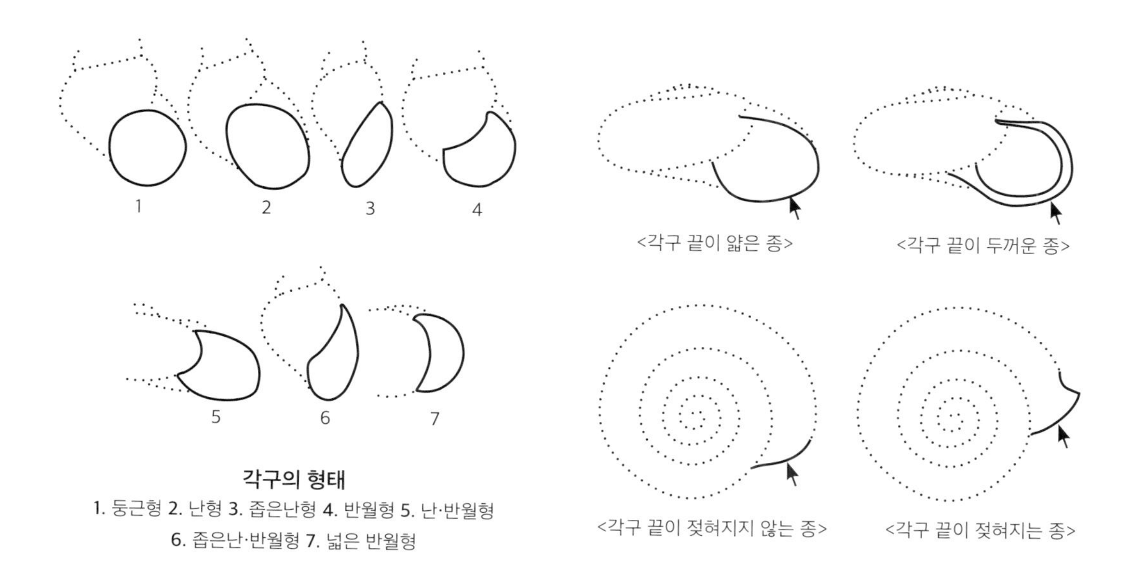

각구의 형태
1. 둥근형 2. 난형 3. 좁은난형 4. 반월형 5. 난·반월형
6. 좁은난·반월형 7. 넓은 반월형

각모(角毛): 복족류 표면을 덮고 있는 비늘 또는 털 모양의 구조물

각장(殼長) → 나탑(螺塔)

각정(殼頂): 복족류 껍질의 꼭지 부분을 말하며 각고를 측정하는 기준이 된다. 종에 따라 성패가 된 후에도 계속 남아 있기도 하고 닳아서 없어지기도 한다. → **태각(胎殼)**

각축(殼軸) → 순(脣)

각폭(殼幅) → 나탑(螺塔)

각표(角表): 패각 표면을 말한다. 종에 따라 두꺼운 각피를 두르기도 한다.

간륵(間肋): 종륵과 종륵 또는 나륵과 나륵 사이에 있는 미세한 갈빗살 모양의 구조물을 말한다.

강벽(腔壁): 입술대고둥류와 깨알달팽이류에서 나타나는 체층 안쪽의 막대형 돌기물을 말한다. 입술대고둥류는 비교적 긴 가로 또는 세로 모양이지만, 깨알달팽이류는 짧은 가로 모양으로 나타난다. → **주벽(主壁)**

결절(結節): 껍질에 나타나는 우툴두툴한 혹 모양의 돌기

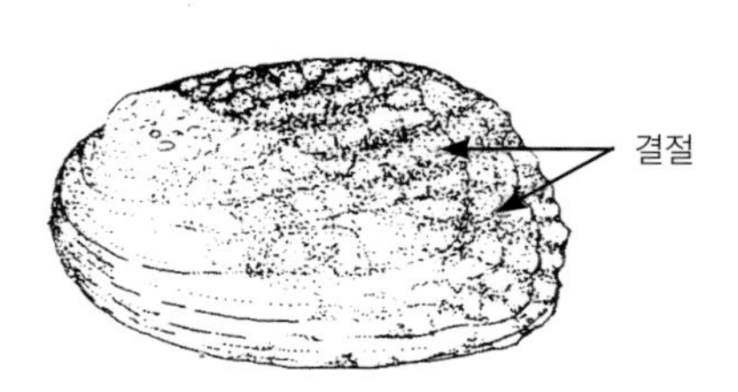

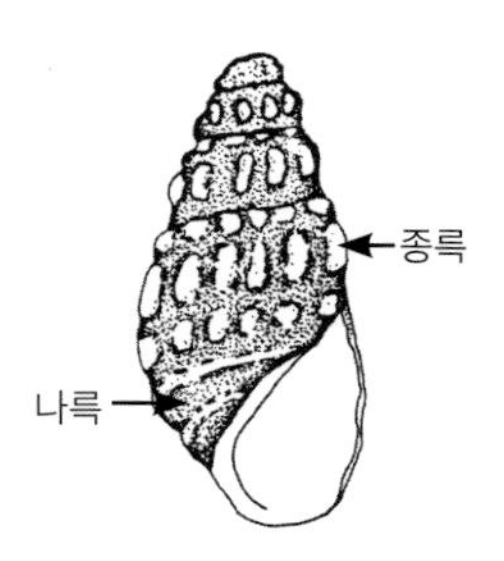

교치(校齒): 이매패의 태각 부분 안쪽에 서로 맞물려 있는 이빨 모양의 구조물을 통틀어 교치라고 한다. 위치에 따라서 가장 중앙의 이빨을 **주치(主齒)**, 앞쪽 방향으로 뻗어 있는 이빨을 **전측치(前側齒)**, 뒤쪽 방향(인대쪽)으로 뻗어 있는 것을 **후측치(後側齒)**라고 한다. 종에 따라서 교치의 종류나 수가 다르거나 아예 없어서 종을 동정하는 중요한 형질로 활용된다.

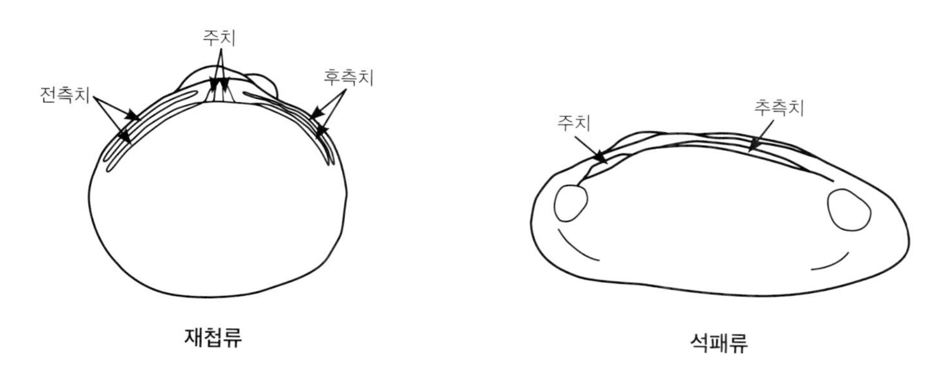

재첩류 **석패류**

근흔(根痕): 고랑딱개비과 (Siphonariidae) 또는 해산 삿갓조개류의 패각 안쪽에 연체부가 붙어 있던 자리

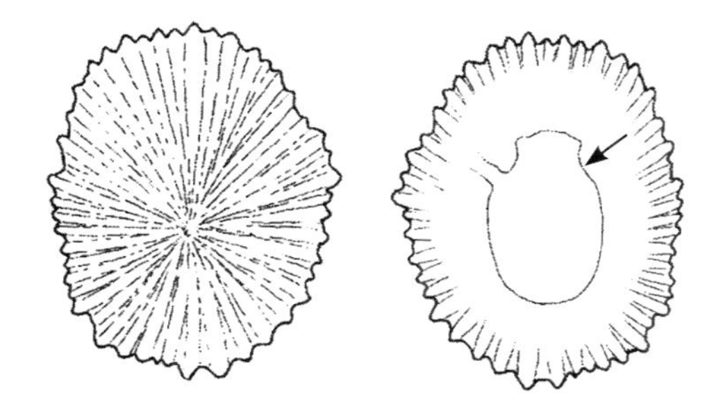

나구(螺溝): 나륵과 나륵이 가까이 있어 그 사이(늑간)가 깊어 형성된 홈(이랑)을 말한다. 종에 따라 나구가 깊거나 얕고, 간격이 넓거나 좁다.

나륵(螺肋): 나층에 나타나는 갈빗대 형태의 고리 모양 구조물을 말한다. 종에 따라 각 나층에 한 개 또는 여러 개의 나륵이 나타나며 돌기나 가시로 변형된 것도 있다.

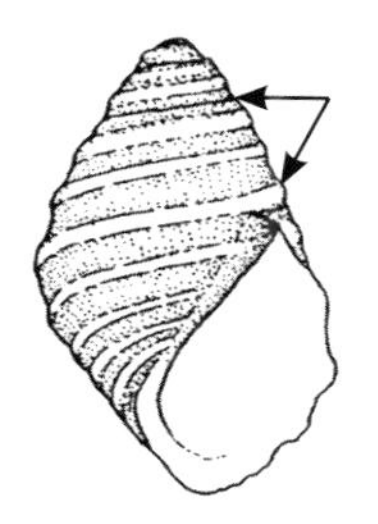

나맥(螺脈): 나층에 나륵보다 가는 선 모양의 고리로 종에 따라 색이나 모양, 크기가 다르다.

나층(螺層): 껍질이 있는 복족류의 **나탑**을 이루는 각 층을 말한다. 각구를 기준으로 가장 아래쪽의 한 층을 **체층(體層)**이라 하고 다음 한 바퀴의 층을 **차체층(次體層)**이라고 한다. 보통 체층이 가장 큰데 종에 따라서 차체층이 체층보다 큰 것도 있고 나층 간의 크기 차이가 거의 없는 종도 있다.

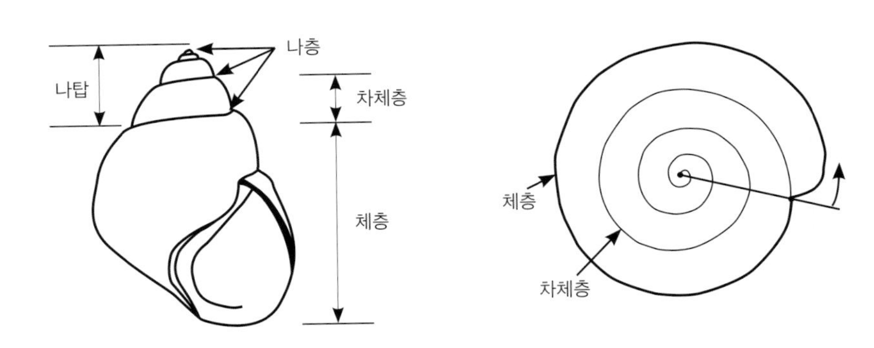

나탑(螺塔): 복족류 패각의 체층에서 각정 상단부까지를 말한다. 일반적으로 나탑이 길면 길쭉하고 짧으면 둥근 모양이다. 복족류에서는 각정에서 저순까지의 길이를 **각고(殼高)** 또는 **각장(殼長)**이라 하고, 가로의 최대 길이를 **각폭(殼幅)** 또는 **각경(殼經)**이라 한다. 이매패류의 경우 세로의 최대 길이를 **각고**, 가로의 최대 길이를 **각장**, 두 껍질의 두께를 **각폭**이라 한다.

난낭(卵囊): 담수 복족류의 물달팽이(*Radix*) 무리는 알을 한천질의 알주머니 속에 낳게 되는데 이를 난낭이라한다. 난낭은 알을 보호하는 보육낭의 역할도 하지만 부화 후에 유패의 양분이 된다.

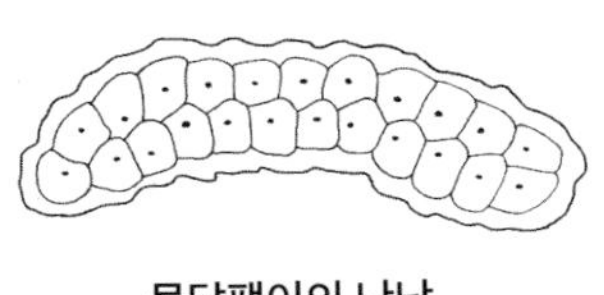

물달팽이의 난낭

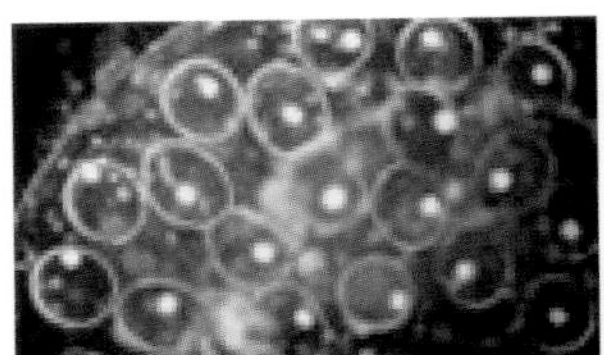
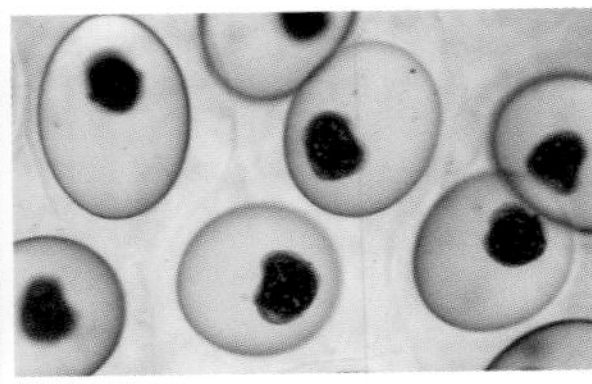

물달팽이 난낭 속에 발생 중인 유패

난삼각형: 난(卵) 모양을 이루는 둥근 삼각형

난원추형: 난(卵) 모양을 이루는 둥근 원추형

내순(內脣) → 순(脣)

내순치(內脣齒) → 치상돌기(齒狀突起)

늑간(肋間): 나륵과 나륵, 종륵과 종륵 사이를 말한다. 특히 나륵 사이의 홈을 **나구**(螺溝)라 한다.

능각(稜殼): 이매패류에서 태각 부분 뒤쪽으로(윗부분에) 가면서 능선 모양의 마루가 길게 뻗어 있는 구조(형태)

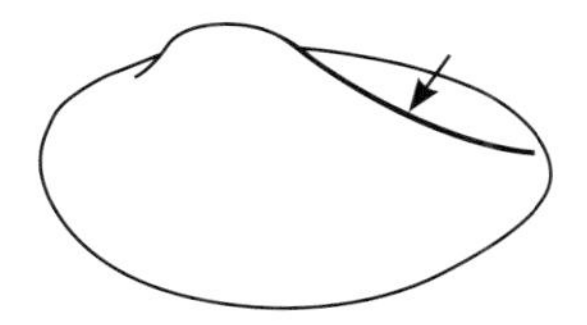

다선형(多線形) → 뚜껑(蓋)

등선(背線): 이매패류 태각을 중심으로 앞쪽과 뒤쪽 가장자리 부분을 말한다. 이와 반대로 아래쪽 부분 가장자리를 **배선**(腹線)이라한다.

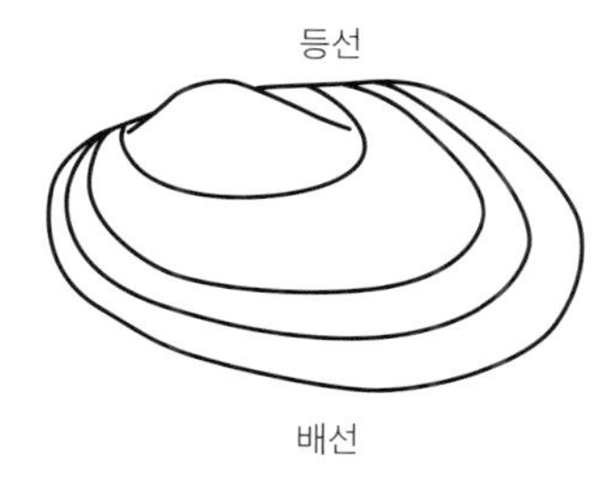

뚜껑(蓋): 복족류에서 각구를 막아 연체부를 보호하는 역할을 한다. 키틴질 또는 석회질로 되어 있고 종에 따라 가운데가 들어간 것(concave), 나온 것(convex)이 있다. 무늬에 따라 여러 개의 나선으로 구성된 **다선형(多旋型, polyspiral)**, 2-3개의 나선으로 구성된 **소선형(少旋型, paucispiral)** 그리고 여러 개의 동심원으로 이루어진 **동심원형(同心圓型, concentric)** 등으로 나눈다.

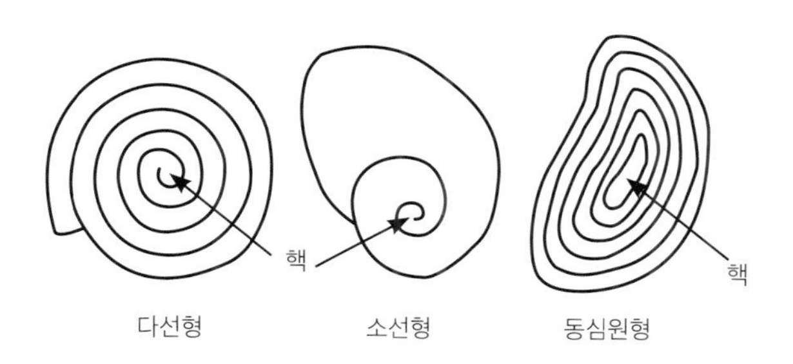

반곡(反曲) → 각구(殼口)

방사륵(放射肋): 패각의 각정부(태각)에서 아래 방향으로 방사상으로 뻗는 갈빗대 모양의 마루를 말한다.

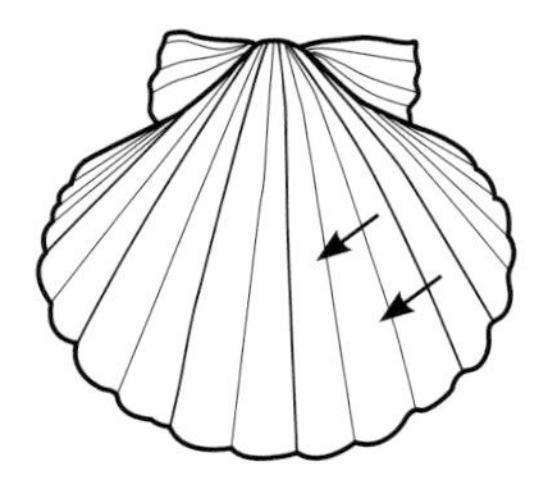

봉합(縫合): 복족류의 나층과 나층의 경계선(면)을 말한다. 종에 따라 봉합이 깊거나 얕고 혹은 거의 없는 경우가 있다.

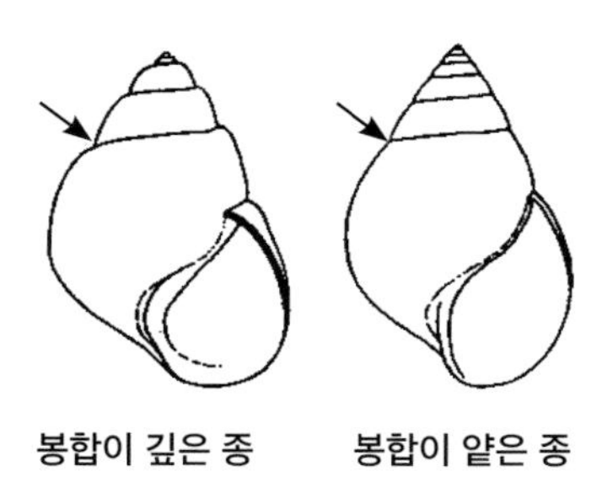

봉합이 깊은 종 **봉합이 얕은 종**

배선(-線) → 등선(-線)

산란 홈: 다슬기과(Pleuroceridae) 중에서 난생하는 염주알다슬기속(*Koreanomelania*)의 암컷의 머리 부분에 있는 알을 낳는 데 이용되는 홈

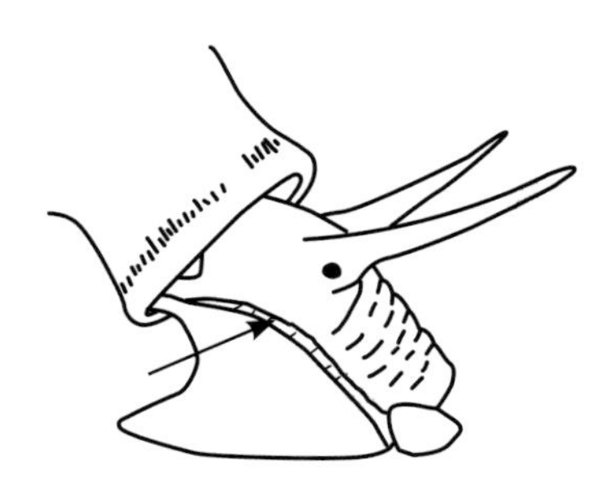

상강벽(上腔壁) → 주벽(主壁)

상주연대(上周緣帶) → 색대(色帶)

상판(上板): 육산패류 입술대고둥(*Euphadusa*) 무리의 각구에는 이빨 모양의 돌기가 있는데, 체층 쪽(위쪽) 외순 돌기를 **상판**이라 하고 아래 돌기를 **하판(下板)**이라 한다. 하판의 외순 아래에 각구 안쪽에서 밖으로 난 돌기는 **하축판(下軸板)**이라고 한다.

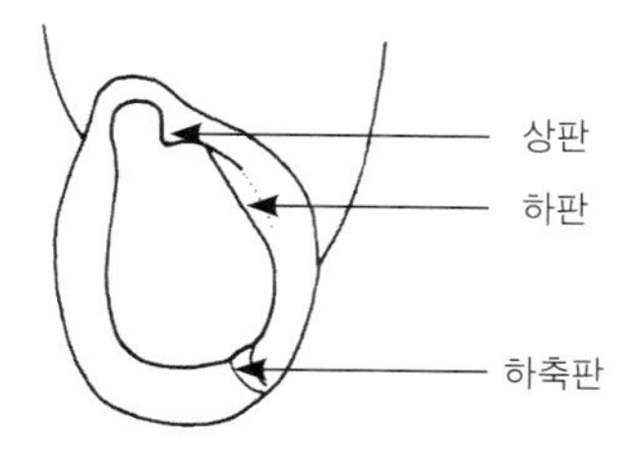

색대(色帶): 육산패류 달팽이과의 *Euhadra*, *Nesiohelix*, *Koreanohadra*속은 나층을 따라 색대가 나타난다. 색대는 **상주연대(上周緣帶)**, **주연대(周緣帶)**, **저대(底帶)**, **제대(臍帶)**의 네 대로 나누며 위에서 아래로 각각 번호를 1, 2, 3, 4로 붙인다. 동양달팽이(*N. samarangae*)처럼 색대가 주연대와 제대에만 있을 때는 0204형, 북한산달팽이(*K. kurodana*)처럼 주연대만 있으면 0200형, 색대가 없으면 0000형 등으로 나눈다. 색대는 체층에만 나타나는 것이 아니라 차체층까지도 연속된다.

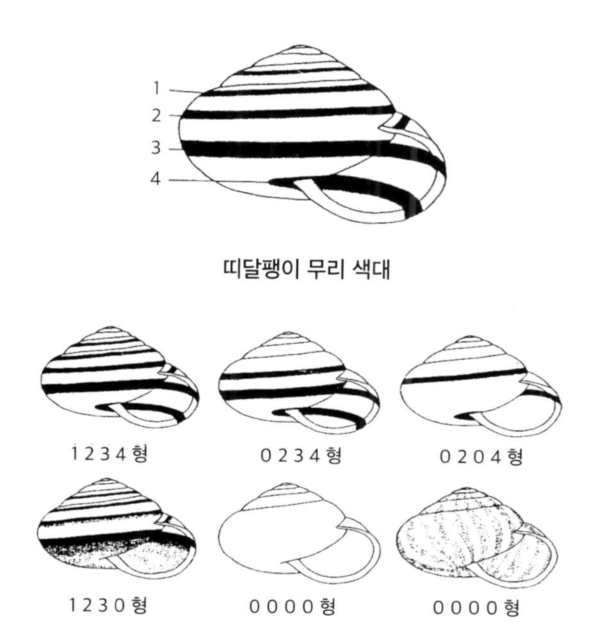

성장맥(成長脈) → 윤맥(輪脈)

소선형(少旋型) → 뚜껑(蓋)

수관구(水管口): 물속에서 아가미로 호흡하는 복족류나 이매패류의 물이 통과하는 부분

순(脣, 입술): 복족류의 각구 주변으로 흔히 입술이라고 부른다. 이를 세분화하여 각구의 바깥쪽을 **외순(外脣)**, 각구의 체층 쪽 부위를 **내순(內脣)**, 각구의 아래쪽을 **저순(低脣)**, 각축과 평행 또는 일치하는 부분을 **축순(軸脣)**으로 구분한다. 저순은 종에 따라서 외순에 포함시키기도 한다.

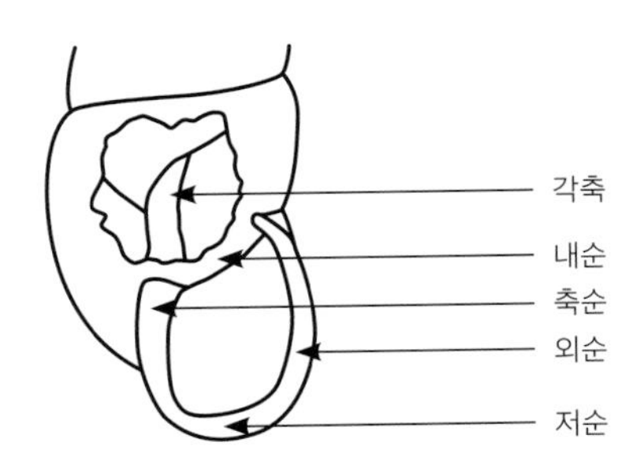

아연(亞緣): 복족류 패각의 봉합 부위가 얇고 넓어 겹쳐진 띠 모양으로 둘러져 있는 것으로 육산패류인 밤달팽이과와 호박달팽이과의 종에서 나타난다.

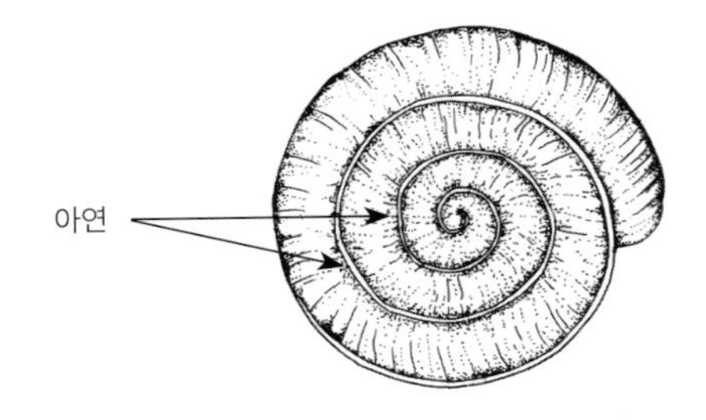

외순(外脣) → 순(脣)

외순치(外脣齒) → 치상돌기(齒狀突起)

외투막(外套膜): 패각 벽에 붙어 있는 막으로 내장을 둘러싸고 있으며 막의 끝에서는 패각 단백질을 분비하여 패각을 성장하게 한다. 외투막의 안쪽 체강을 **외투강(外套腔)**이라 하고 외투막이 패각에 붙었던 흔적이 패각의 끝 부분에 나타나는데 이것을 **외투막흔(外套膜痕)**이라 하며, 뒤쪽(인대가 있는 쪽)에 파인 흔적이 나타나는데 이것을 **외투막만입(外套膜灣入)**이라 한다.

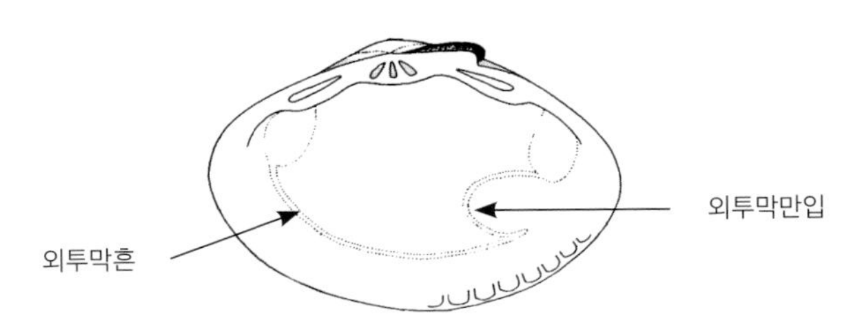

외투선(外套線): 이매패류의 연체부를 덮는 외투막이 부착하였던 흔적으로 패각 안쪽의 배 면에서 관찰된다.

용골(龍骨): 육산 패류인 뾰족민달팽이, 노랑뾰족민달팽이의 등 면에서 꼬리 부분까지 뻗은 뾰족한 마루 모양의 능선.

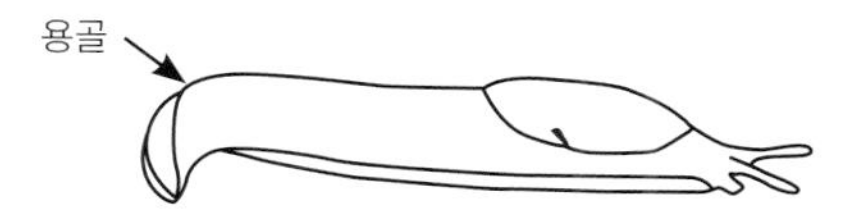

우각(右殼): 이매패를 등 면이 위로, 입출수공 쪽이 뒤로 오도록 잡고 보았을 때 오른쪽의 껍질을 말한다. 왼쪽 것은 좌각(左殼)이다.

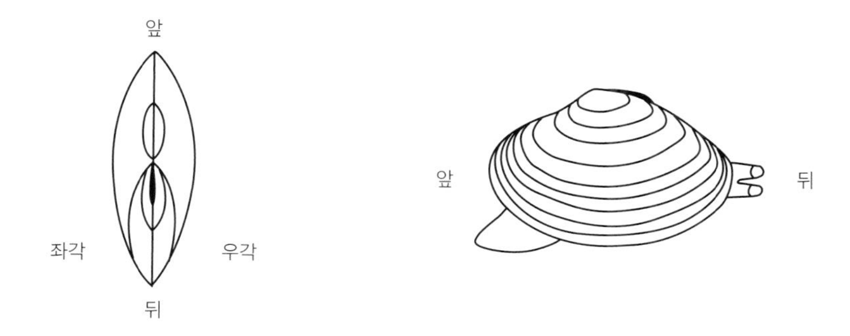

우권(右卷): 복족류의 패각은 대부분 시계 방향(clockwise)으로 꼬여 있다. 즉 각정 부위에서 보았을 때 나층이 오른쪽으로 꼬여서 입(각구)이 오른쪽에 열리게 된다. 우선(右旋)이라고도 한다. 이와 반대로 시계 반대 방향으로 나층이 꼬인 것을 **좌권(左卷)** 또는 **좌선(左旋)**라 하며 각구는 왼쪽으로 열린다. 입술대고둥(Clausiliidae) 무리가 전형적인 좌권형이며 담수패 중에는 왼돌이물달팽이(*Physa acuta*)가 있다.

우선형 → 좌권(左卷)

월상벽(月狀壁) → 주벽(主壁)

윤맥(輪脈): 여름을 중심으로 늦봄부터 초가을까지는 패류의 성장 속도가 빠르나 겨울에는 성장이 거의 멈추기 때문에 계절별 경계면이 형성된다. 이 윤맥(선)을 관찰하면 패류의 나이를 짐작할 수 있다. 이매패류는 태각을 중심으로 동심원형으로 나타나고, 복족류는 각구 뒤쪽 체층면에 세로줄로 나타난다. 계절별 윤맥 사이에는 **성장맥(成長脈)**도 나타난다.

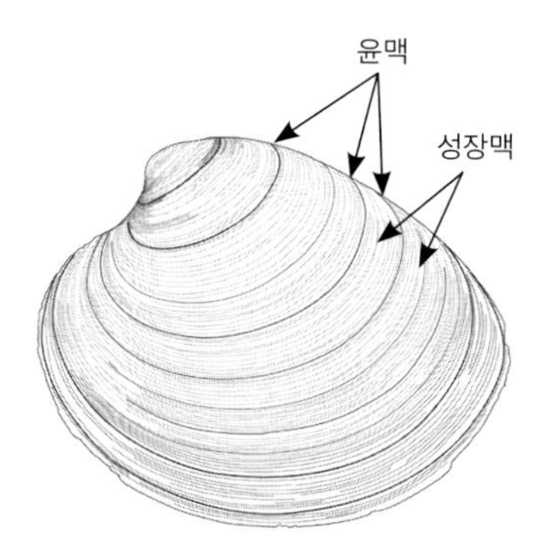

인대(靭帶): 이매패의 태각 뒤쪽에 있는 각질 성분의 돌기를 말한다. 인대는 두 장의 패각을 결합시키고 있는데 **전·후폐각근**과는 길항작용(반대)을 한다. 즉 인대는 패각이 열리도록 하는 역할을 한다.

입수공(入水孔): 이매패류 뒤쪽에 외투막이 변하여 형성된 2개의 관이 돌출하는데 그중에 물을 흡수하는 통로로 쓰이는 아래쪽의 관을 말한다. 입수공(관)을 통해 들어간 물은 아가미를 지나면서 가스 교환이 일어난다. 관의 직경은 물과 노폐물이 빠져나가는 위쪽의 출수공보다 작다.

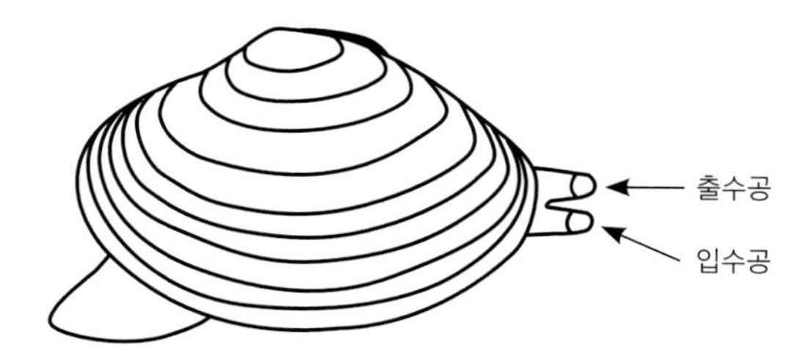

저대(底帶) → 색대(色帶)

저순(低脣) → 순(脣)

전구(前溝): 육산패인 번데기우렁이(Pupinidae) 무리는 각구에는 2개의 홈이 있는데 축순 아래의 홈을 전구, 외순과 내순 사이의 홈은 **후구(後溝)**라고 한다.

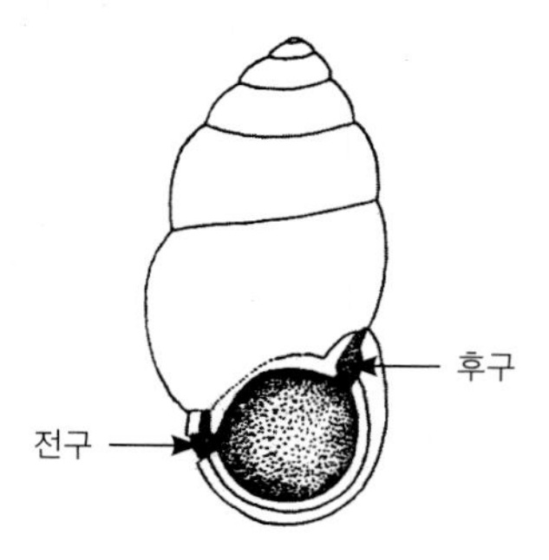

전측치(前側齒) → **교치(校齒)**

제공(臍孔): 패각을 가진 복족류가 성장하여 여러 층의 나층을 만들면서 체층 안쪽 중앙에 만들어지는 배꼽 모양으로 들어간 구멍을 말한다. 종에 따라 제공은 넓거나 좁거나, 깊거나 얕다.

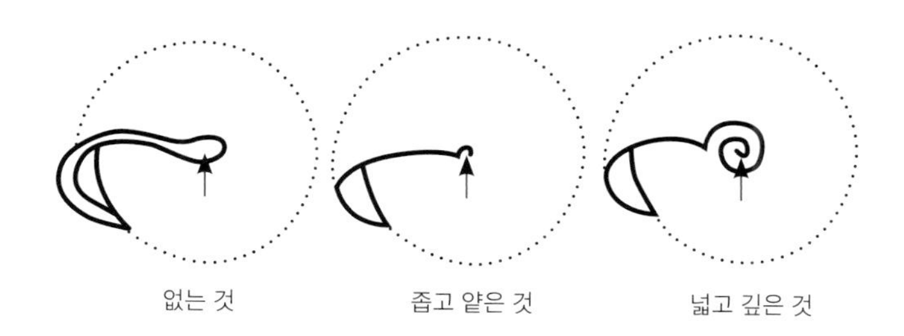

제대(臍帶) → **색대(色帶)**

족사(足絲): 홍합과(Mytilidae) 등 부착 생활을 하는 이매패류가 수중의 단단한 물질에 부착하기 만들어내는 실과 같은 구조물

종륵(縱肋): 주름번데기(*Sinoennea cava*)와 같은 육산패의 패각에 세로로 뻗은 여러 개의 갈빗살 모양의 구조물을 말한다. 이 구조물이 가로로 있으면 **나륵(螺肋)**이라 하고 각정부에서 방사상으로 나면 **방사륵(放射肋)**이라 한다. 방사륵은 주로 이매패에서 많이 볼 수 있다.

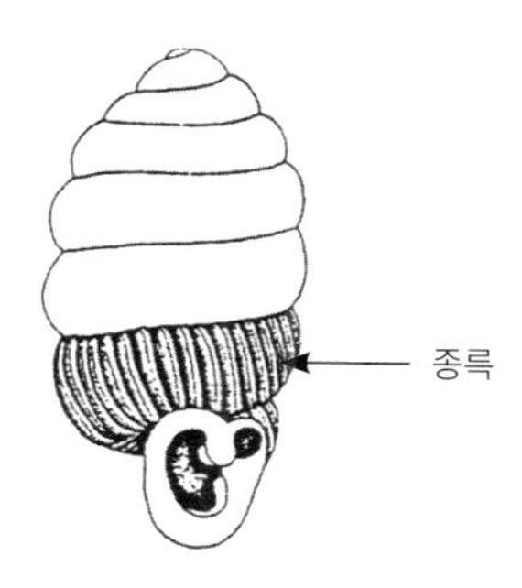

종장륵(縱長肋): 복족류에서 각축과 평행하는 길게 이어진 세로 방향의 갈빗살 모양 구조물을 말한다.

종장맥(縱長脈): 복족류의 각정에서 각구 방향으로 세로로 길게 이어진 선 모양의 구조물을 말한다.

좌각(左殼) → **우각(右殼)**

좌권(左卷) → **우권(右卷)**

주벽(主壁): 입술대고둥(Clausiliidae) 무리의 각구 위쪽 체층 벽에 약간 투명한 흔적이 가로로 나타나는데 제일 위의 것을 주벽, 가운데 것을 **상강벽(上腔壁)**, 제일 아래의 것을 **하강벽(下腔壁)**, 상강벽과 하강벽 사이에 세로로 비스듬히 나타나는 벽을 **월상벽(月狀壁)**이라고 한다.

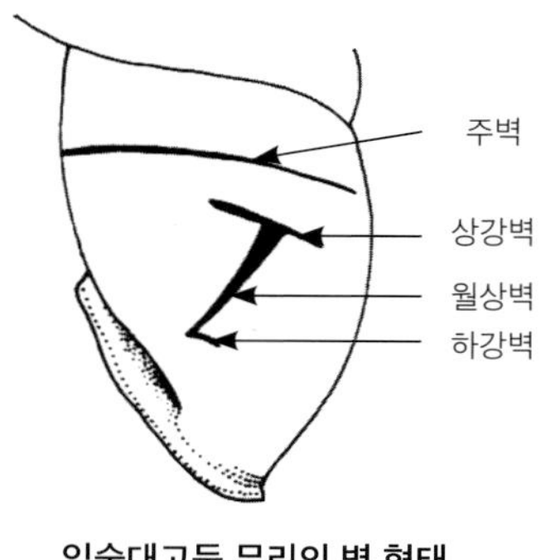

입술대고둥 무리의 벽 형태

주연(周緣): 복족류의 체층 중앙부위의 둘레를 말한다. 종에 따라서 주연부에 돌기가 있는 것, 둥근 것, 날카롭게 각(角)이 있는 것 등 다양한 형태를 보인다. → **각(角)**

주연각(周緣角): 복족류 체층 주연의 각을 말한다. 종에 따라 날카롭거나 또는 둔한 모양을 보인다. → **각(角)**

주연대(周緣帶) → 색대(色帶)

주치(主齒) → 교치(校齒)

차체층(次體層) → 나층(螺層)

체층(體層) → 나층(螺層)

축순치(軸脣齒) → 치상돌기(齒狀突起)

출수공(出水孔): 이매패류의 배설물과 아가미에서 분비하는 노폐물을 몸 밖으로 내보내는 관으로 입수공 위쪽에 위치한다. 입수공에 비하여 직경이 좁다. → **입수공(入水孔)**

측치(側齒) → 교치(校齒)

치상돌기(齒狀突起): 복족류 각구 주위에 돋은 이빨 모양의 돌기를 말한다. 육산패류 중에서 모래고둥과(Gastrocoptidae)나 이빨번데기고둥과(Vertiginidae)의 종들은 각구 안에 치상돌기가 있다. 내순부의 이를 **내순치(內脣齒)**, 외순부의 이를 **외순치(外脣齒)**, 축순부의 이를 **축순치(軸脣齒)**라고 한다

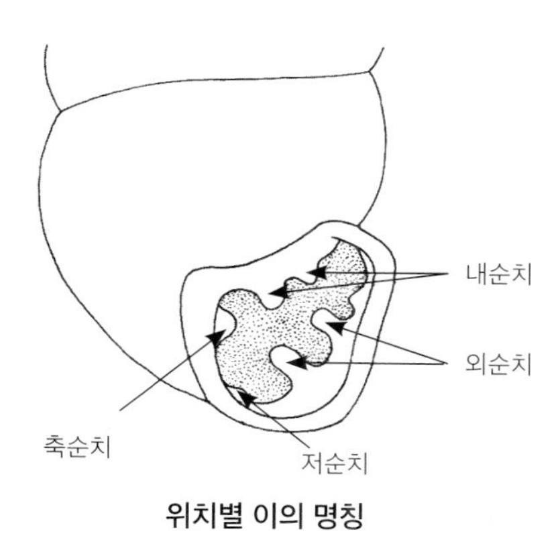

위치별 이의 명칭

치설(齒舌): 이매패류를 제외한 모든 연체동물이 가지고 있는 섭식기관으로 먹이를 자르고, 핥고, 모우고, 뜯어먹는 일을 하며 고등동물의 이와 혀의 역할을 같이 한다. 치설은 선설형(扇舌型), 익설형(翼舌型), 유설형(維舌型), 협설형(狹舌型), 양설형(梁舌型)등으로 나누는데 담수패는 주로 선설형이 많고 육산패는 모두 유설형이다.

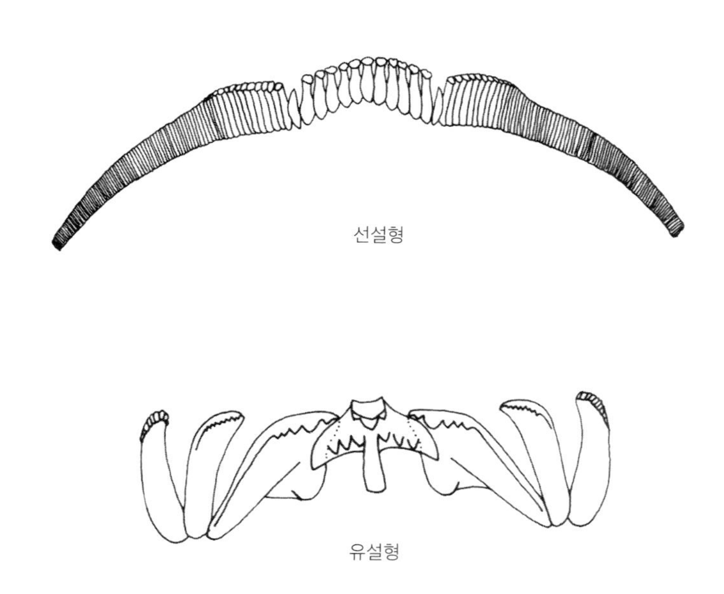

선설형

유설형

탄대받이(彈帶-): 쇄방사늑조개과(Corbulidae)의 패류는 패각 안쪽에 인대가 있어서 이를 **내인대(內靭帶)**라고 한다. 내인대를 수용하는 주걱 모양의 구조물을 탄대받이 또는 **탄대수(彈帶受)**라고 한다.

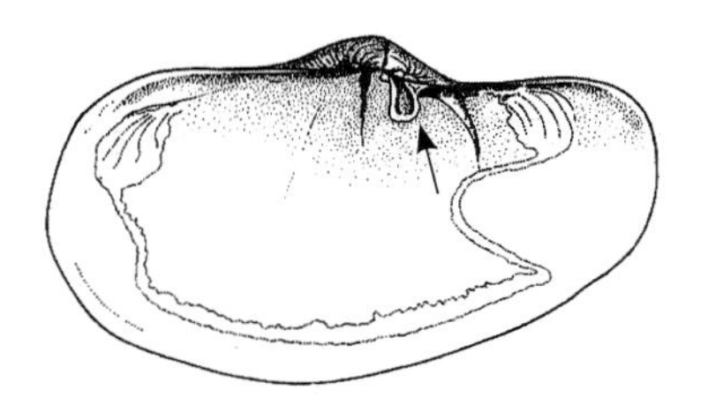

태각(胎殼): 이매패류의 가장 먼저 생긴 패각 부위로, 마모되어 진주층이 노출되는 경우가 많다. 복족류는 **각정(殼頂)**이라 하며 가장 딱딱하여 다른 나층과 구별되는 경우가 많다. → **각정(殼頂)**

폐각근(閉殼筋): 조개의 살을 먹고 나면 껍질에 작은 근육 덩어리가 붙어 있는데 이것이 폐각근이다. 조개가 살아 있을 때 껍질이 열리지 않는 것은 이들 근육이 수축하고 있기 때문이다. 입 쪽(앞쪽)의 폐각근을 **전폐각근(前閉殼筋)**, 입출수공이 있는 쪽(뒤쪽)의 폐각근을 **후폐각근(後閉殼筋)**이라고 한다. 그리고 이들 근육이 떨어지고 나면 껍질에 그 흔적이 남는데 이것을 **폐각근흔(閉殼筋痕)**이라 한다.

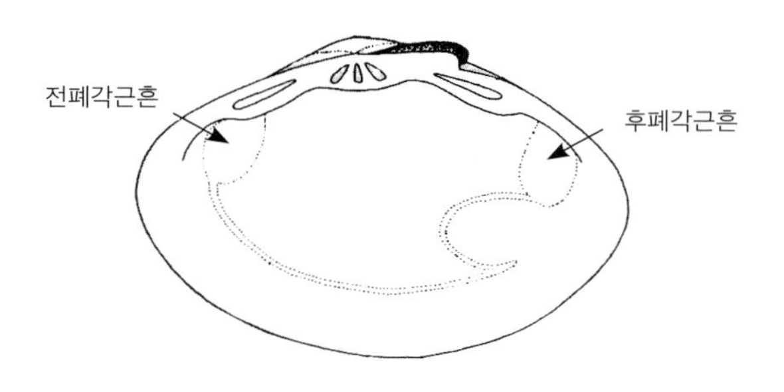

하강벽(下腔壁) → 주벽(主壁)

하축판(下軸板) → 상판(上板)

하판(下板) → 상판(上板)

활층(滑層): 복족류의 내순 또는 축순 부위에 에나멜 물질이 분비되어 광택이 나는 얇은 층이 덮인 것을 말한다. 종에 따라서 활층의 두꺼운 정도가 다르며 흔적 정도만 있을 정도로 얇은 경우도 있다.

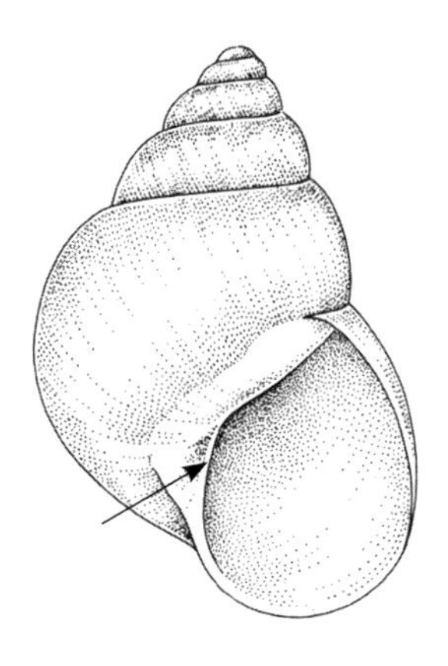

후구(後溝) → 전구(前溝)

후측치(後側齒) → 교치(校齒)

한국산 비해산 패류 분류체계

강	아강	하강	상목	목	아목	상과	과	아과	대표종
복족강	갈고둥아강			고리갈고둥목		갈고둥상과	갈고둥과		기수갈고둥
						깨알우렁이상과	깨알우렁이과		깨알우렁이
	신생복족아강			고설목		사과우렁이상과	사과우렁이과		왕우렁이
						산우렁이상과	산우렁이과	혹달팽이아과	둥근혹달팽이
								산우렁이아과	산우렁이
								나사산우렁이아과	나사산우렁이
							깨알달팽이과		아리니아깨알달팽이
							번데기우렁이과		번데기우렁이
						논우렁이상과	논우렁이과	물우렁이아과	논우렁이
				총알고둥목		목주림고둥상과	기수우렁이과		기수우렁이
							쇠우렁이과		쇠우렁이
							깨고둥붙이과		기수깨고둥붙이
							둥근입기수우렁이과		둥근입기수우렁이
							목주림고둥과	목주림고둥아과	목주림고둥
						짜부락고둥상과	다슬기 과		다슬기
	이새아강	유폐하강		물달팽이목		물달팽이상과	물달팽이과		물달팽이
								애기물달팽이아과	애기물달팽이
							왼돌이물달팽이과		왼돌이물달팽이
						또아리물달팽이상과	또아리물달팽이과		또아리물달팽이
								민물삿갓조개아과	민물삿갓조개
				유폐목		고랑딱개비상과	고랑딱개비과		흰고랑딱개비
						대추귀고둥상과	대추귀고둥과	대추귀고둥아과	대추귀고둥
								귀고둥아과	노랑띠대추귀고둥
								좁쌀귀고둥아과	좁쌀대추귀고둥
								도토리귀고둥아과	도토리귀고둥
							양귀비고둥과		줄양귀비고둥
				수병안목		갯민달팽이상과	갯민달팽이과		두꺼비갯민달팽이
				병안목	판악아목	뾰족쨈물우렁이상과	뾰족쨈물우렁이과		뾰족쨈물우렁이
					직수뇨관아목	반디고둥상과	반디고둥과		반디고둥
						번데기고둥상과	번데기고둥과		번데기고둥
							쇠평지달팽이과		쇠평지달팽이
							입고랑고둥과		참입고랑고둥
							실주름달팽이과		실주름달팽이
							이빨번데기고둥과	모래고둥아과	각시모래고둥
								이빨번데기고둥아과	민이빨번데기고둥
						입술대고둥아재비상과	입술대고둥아재비과		입술대고둥아재비
					곡수뇨관아목	왕달팽이상과	왕달팽이과	왕달팽이아과	왕달팽이
							대고둥과		대고둥
						입술대고둥상과	입술대고둥과		부산입술대고둥
						납작평탑달팽이상과	평탑달팽이과		평탑달팽이

강	아강	하강	상목	목	아목	상과	과	아과	대표종
복족강	이새아강	유폐하강		병안목	곡수뇨관아목	납작평탑달팽이상과	납작평탑달팽이과		울릉도납작평탑달팽이
						주름번데기상과	주름번데기과		주름번데기
						나사밤달팽이상과	나사호박달팽이과		포항호박달팽이
							밤달팽이과		제주밤달팽이
						호박달팽이상과	호박달팽이과		하와이호박달팽이
						달팽이상과	달팽이과		달팽이
							외줄달팽이과		거제외줄달팽이
						뾰족민달팽이상과	뾰족민달팽이과		작은뾰족민달팽이
						민달팽이상과	민달팽이과		민달팽이
이매패강	익형아강			홍합목		홍합상과	홍합과		민물담치
	고이치아강			석패목			석패과		두드럭조개
	이치아강	진이치하강	부등치상목	백합목		재첩상과	재첩과		재첩
						산골상과	산골과	산골아과	삼각산골조개
							산골과	진산골아과	산골조개
						우럭상과	쇄방사늑조개과		쇄방사늑조개

한국산 비해산 패류 목록

Verified Species of Korean Land & Freshwater Mollusca

Class Gastropoda Cuvier, 1797 복족강

Subclass Neritimorpha Golikov & Starobogatov, 1975 갈고둥아강

Order Cycloneritimorpha Fryda, 1998 고리갈고둥목

Superfamily Neritoidea Rafinesque, 1815 갈고둥상과

Family Neritidae Rafinesque, 1815 갈고둥과

1. *Clithon retropictum* (Martens, 1879) 기수갈고둥

Superfamily Hydrocenoidea Troschel, 1857 깨알우렁이상과

Family Hydrocenidae Troschel, 1857 깨알우렁이과

2. *Georissa japonica* Pilsbry, 1900 깨알우렁이

Subclass Caenogastropoda Cox, 1960 신생복족아강

Order Architaenioglossa Haller, 1892 고설목

Superfamily Cyclophoroidea Gray, 1847 산우렁이상과

Family Cyclophoridae Gray, 1847 산우렁이과

Subfamily Cyclophorinae Gray, 1847 산우렁이아과

3. *Cyclophorus herklotsi* Martens, 1861 산우렁이
4. *Cyclotus campanulatus* Martens, 1865 둥근산우렁이
5. *Platyraphe minutus quelpartensis* (Pilsbry & Hirase, 1908) 제주둥근산우렁이
6. *Nakadaella micron* (Pilsbry, 1900) 좀산우렁이

Subfamily Spirostomatinae Golikov & Starobogatov, 1975 나사산우렁이아과

7. *Nobuea elegantistriata* Kuroda & Miyanaga, 1943 거문도좀달팽이
8. *Spirostoma japonicum japonicum* (A. Adams, 1867) 나사산우렁이

Subfamily Alycaeinae Kobelt & Möllendorff, 1897 혹달팽이아과

9. *Chamalycaeus hirasei* (Pilsbry, 1900) 주름혹달팽이
10. *Chamalycaeus kurodai* (Pilsbry & Hirase, 1908) 제주혹달팽이
11. *Chamalycaeus cyclophoroides* (Pilsbry & Hirase, 1909) 둥근혹달팽이

Family Diplommatinidae Pfeiffer, 1856 깨알달팽이과

12. *Arinia chejuensis* Kwon & Lee, 1991 아리니아깨알달팽이
13. *Diplommatina changensis* Kwon & Lee, 1991 큰깨알달팽이
14. *Diplommatina chejuensis* Kwon & Lee, 1991 제주깨알달팽이
15. *Diplommatina kyobuntoensis* Kuroda & Miyanaga, 1943 거문도깨알달팽이
16. *Diplommatina tyosenica* Kuroda & Miyanaga, 1939 참깨알달팽이
17. *Diplommatina paxillus* (Gredler, 1881) 깨알달팽이
18. *Palaina pusilla* (Martens, 1877) 왼돌이깨알달팽이

Family Pupinidae Pfeiffer, 1853 번데기우렁이과

19. *Pupinella rufa* (Sowerby, 1864) 번데기우렁이

Superfamily Viviparoidea Gray, 1847 논우렁이상과

Family Viviparidae Gray, 1847 논우렁이과

Subfamily Bellamyinae Rohrbach, 1937 물우렁이아과

20. *Cipangopaludina chinensis malleata* (Reeve, 1863) 논우렁이

21. *Cipangopaludina japonica* (Martens, 1860) 큰논우렁이

22. *Sinotaia quadrata* (Benson, 1842) 강우렁이

Superfamily Ampullarioidea Gray, 1824 사과우렁이상과

Family Ampullariidae Gray, 1824 사과우렁이과

23. *Pomacea canaliculata* (Lamarck, 1815-22) 왕우렁이

24. *Pomacea insularus* (d'Orbigny, 1839) 섬사과우렁이

Order Littorinimorpha Golikov & Starobogatov, 1975 총알고둥목

Superfamily Truncatelloidea Gray, 1840 목주립고둥상과

Family Assimineidae H. & A. Adams, 1856 기수우렁이과

25. *Angustassiminea castanea* (Westerlund, 1883) 밤색기수우렁이

26. *Assiminea bella* Kuroda, 1958 갈색띠기수우렁이

27. *Assiminea estuarina* Habe, 1946 둥근좀기수우렁이

28. *Assiminea hiradoensis* Habe, 1942 갈대밭기수우렁이

29. *Assiminea japonica* Martens, 1877 기수우렁이

30. *Assiminea japonica septentrionalis* Habe, 1942 둥근황갈색기수우렁이

31. *Assiminea lutea* A. Adams, 1861 좀기수우렁이

32. *Cavernacmella coreana* Kwon & Lee, 1991 둥근동굴우렁이

33. *Pseudomphala latericea* (H. & A. Adams, 1863) 빨강기수우렁이

34. *Paludinellassiminea japonica* (Pilsbry, 1901) 배꼽기수우렁이

35. *Paludinellassiminea stricta* (Gould, 1859) 흰배꼽기수우렁이

36. *Paludinellassiminea tanegashimae* (Pilsbry, 1924) 큰배꼽기수우렁이

Family Bithyniidae Gray, 1857 쇠우렁이과

37. *Gabbia kiusiuensis* (S. Hirase, 1927) 작은쇠우렁이

38. *Gabbia misella* (Gredler, 1884) 염주쇠우렁이

39. *Parafossarulus manchouricus* (Bourguignat, 1860) 쇠우렁이

Family Hydrobiidae Stimpson, 1865 동굴우렁이과

40. *Bithynella* sp. 참동굴우렁이

41. *Akiyoshia* sp. 흰동굴우렁이

Family Iravadiidae Thiele, 1928 깨고둥붙이과

42. *Elachisina ziczac* Fukuda & Ekawa, 1997 기수깨고둥붙이

43. *Fluviocingula elegantula* (A. Adams, 1861) 예쁜이깨고둥붙이

Family Stenothyridae Fischer, 1885 둥근입기수우렁이과

44. *Stenothyra edogawaensis* (Yokoyama, 1927) 흑색반점기수우렁이

45. *Stenothyra glabra* (A. Adams, 1861) 둥근입기수우렁이

Family Truncatellidae Gray, 1840 목주립고둥과

46. *Truncatella guerinii* A. & J. B. Villa, 1841 목주립고둥

47. *Truncatella pfeifferi* Martens, 1860 분홍목주립고둥

Superfamily Cerithioidea Fleming, 1822 짜부락고둥상과

Family Pleuroceridae Fischer, 1885 다슬기과

48. *Koreanomelania nodifila* (Martens, 1886) 염주알다슬기

49. *Koreoleptoxis globus ovalis* Burch & Jung, 1987 띠구슬다슬기

50. *Semisulcospira coreana* (Martens, 1886) 참다슬기

51. *Semisulcospira forticosta* (Martens, 1886) 주름다슬기

52. *Semisulcospira gottschei* (Martens, 1886) 곳체다슬기

53. *Semisulcospira libertina* (Gould, 1859) 다슬기

54. *Semisulcospira tegulata* (Martens, 1894) 좀주름다슬기

Subclass Heterobranchia Gray, 1840 이새아강

Infraclass Pulmonata Cuvier, 1814 유폐하강

Order Hygrophila Férussac, 1822 물달팽이목

Superfamily Lymnaeoidea Rafinesque, 1815 물달팽이상과

Family Lymnaeidae Rafinesque, 1815 물달팽이과

55. *Fossaria truncatula* (Müller, 1774) 긴애기물달팽이

56. *Radix auricularia* (Linnaeus, 1758) 물달팽이

Subfamily Amphipepleinae Pini, 1877 애기물달팽이아과

57. *Austropeplea ollula* (Gould, 1859) 애기물달팽이

Family Physidae Fitzinger, 1833 왼돌이물달팽이과

58 *Physa acuta* Draparnaud, 1805 왼돌이물달팽이

Superfamily Planorboidea Rafinesque, 1815 또아리물달팽이상과

Family Planorbidae Rafinesque, 1815 또아리물달팽이과

59. *Gyraulus convexiusculus* (Hutton, 1849) 또아리물달팽이

60. *Hippeutis cantori* (Benson, 1850) 수정또아리물달팽이

61. *Polypylis hemisphaerula* (Benson, 1842) 배꼽또아리물달팽이

Subfamily Ancylinae Rafinesque, 1815 민물삿갓조개아과

62. *Laevapex nipponica* (Kuroda, 1947) 민물삿갓조개

Order Pulmonata Cuvier, 1814 유폐목

Superfamily Siphonarioidea Gray, 1840 고랑딱개비상과

Family Siphonariidae Gray, 1840 고랑딱개비과

63. *Siphonaria acmaeoides* Pilsbry, 1894 흰고랑딱개비

64. *Siphonaria japonica* (Donovan, 1824) 고랑딱개비

65. *Siphonaria javanica* (Lamarck, 1819) 주름고랑딱개비

66. *Siphonaria laciniosa* (Linnaeus, 1758) 검은고랑딱개비

67. *Siphonaria rucuana* Pilsbry, 1904 꼬마고랑딱개비

68. *Siphonaria sirius* Pilsbry, 1894 꽃고랑딱개비

Superfamily Ellobioidea H. & A. Adams, 1855 대추귀고둥상과
Family Ellobiidae H. & A. Adams, 1855 대추귀고둥과
Subfamily Ellobiinae H. & A. Adams, 1855 대추귀고둥아과
69. *Ellobium chinense* (Pfeiffer, 1954) 대추귀고둥
Subfamily Melampinae Stimpson, 1851 귀고둥아과
70. *Melampus flavus* (Gmelin, 1791) 얇은귀고둥
71. *Melampus nuxcastaneus* Kuroda, 1949 밤색귀고둥
72. *Melampus sincaporensis* Pfeiffer, 1855 낮은탑대추귀고둥
73. *Melampus taeniolus* (Hombron & Jacquinot, 1854) 뾰족탑대추귀고둥
Subfamily Pedipedinae Fischer & Crosse, 1880 좁쌀귀고둥아과
74. *Microtralia acteocinoides* Kuroda & Habe, 1961 좁쌀대추귀고둥
Subfamily Pythiinae Odhner, 1925 도토리귀고둥아과
75. *Allochroa layardi* (H. & A. Adams, 1855) 도토리귀고둥
76. *Auriculastra duplicata* (Pfeiffer, 1854) 노란이빨귀고둥
77. *Laemodonta exaratoides* Kawabe, 1992 옆줄얇은입술작은귀고둥
78. *Laemodonta monilifera* (H. & A. Adams, 1854) 옆줄두툼입술작은귀고둥
79. *Laemodonta octanfracta* (Jonas, 1845) 가는옆줄작은귀고둥
80. *Laemodonta siamensis* (Morelete, 1875) 거친옆줄작은귀고둥
Family Carychiidae Jeffreys, 1830 양귀비고둥과
81. *Carychium noduliferum* Reinhardt, 1877 줄양귀비고둥
82. *Carychium pessimum* Pilsbry, 1902 양귀비고둥
83. *Koreozospeum nodongense* Lee, Prozorova & Jochum, 2015 노동굴고둥

Order Systellommatophora Pilsbry, 1948 수병안목

Superfamily Onchidioidea Rafinesque, 1815 갯민달팽이상과
Family Onchidiidae Rafinesque, 1815 갯민달팽이과
84. *Onchidium hongkongensis* Britton, 1984 두꺼비갯민달팽이

Order Stylommatophora Schmidt, 1855 병안목

Suborder Elasmognatha 판악아목

Superfamily Succineoidea Beck, 1837 뾰족쨈물우렁이상과
Family Succineidae Beck, 1837 뾰족쨈물우렁이과
85. *Neosuccinea horticola koreana* (Pilsbry, 1926) 참쨈물우렁이
86. *Oxyloma hirasei* (Pilsbry, 1901) 뾰족쨈물우렁이

Suborder Orthurethra 직수뇨관아목

Superfamily Cochlicopoidea Pilsbry, 1900 반디고둥상과
Family Cochlicopidae Pilsbry, 1900 반디고둥과
87. *Cochlicopa lubrica* (Müller, 1774) 반디고둥
Superfamily Pupilloidea Turton, 1831 번데기고둥상과
Family Pupillidae Turton, 1831 번데기고둥과
88. *Pupilla cryptodon* (Heude, 1880) 번데기고둥
Family Pleurodiscidae Wenz, 1923 쇠평지달팽이과

89. *Pyramidula micra* Pilsbry, 1926 쇠평지달팽이

Family Strobilopsidae Wenz, 1915 입고랑고둥과

90. *Strobilops coreana* (Pilsbry, 1926) 참입고랑고둥

91. *Strobilops hirasei* (Pilsbry, 1908) 입고랑고둥

Family Valloniidae Morse, 1864 실주름달팽이과

92. *Vallonia costata* (Müller, 1774) 실주름달팽이

93. *Zoogenetes harpa* (Say, 1824) 가시주름달팽이

Family Vertiginidae Fitzinger, 1833 이빨번데기고둥과

Subfamily Gastrocoptinae Pilsbry, 1918 모래고둥아과

94. *Gastrocopta coreana* (Pilsbry, 1927) 각시모래고둥

95. *Gastrocopta jinjiroi* Kuroda & Hukuda, 1944 울릉도모래고둥

Subfamily Vertigininae Fitzinger, 1833 이빨번데기고둥아과

96. *Columella edentula* (Draparnaud, 1805) 민이빨번데기고둥

Superfamily Enoidea B. B. Woodward, 1903 입술대고둥아재비상과

Family Enidae B. B. Woodward, 1903 입술대고둥아재비과

97. *Ena coreanica* (Pilsbry & Hirase, 1908) 입술대고둥아재비

98. *Mirus junensis* Kwon & Lee, 1991 두타산입술대고둥아재비

99. *Mirus obongensis* Lee & Min, 2018 오봉산입술대고둥아재비

Suborder Sigmurethra 곡수뇨관아목

Superfamily Achatinoidea Swainson, 1840 왕달팽이상과

Family Achatinidae Swainson, 1840 왕달팽이과

Subfamily Achatininae Swainson, 1840 왕달팽이아과

100. *Achatina fulica* Bowdich, 1822 왕달팽이

Family Subulinidae P. Fischer & Crosse, 1877 대고둥과

101. *Allopeas clavulinum kyotoense* (Pilsbry & Hirase, 1904) 대고둥

102. *Allopeas pyrgula* (Schmacker & Böttger, 1891) 가시대고둥

Superfamily Clausilioidea Gray, 1855 입술대고둥상과

Family Clausiliidae Gray, 1855 입술대고둥과

103. *Euphaedusa aculus mokpoensis* (Pilsbry & Hirase, 1908) 목포입술대고둥

104. *Euphaedusa fusaniana* (Pilsbry & Hirase, 1908) 부산입술대고둥

105. *Euphaedusa fusaniana uturyotoensis* Kuroda & Hukuda, 1944 울릉도입술대고둥

106. *Paganizaptyx miyanagai* (Kuroda, 1936) 금강입술대고둥

107. *Paganizaptyx miyanagai ullundoensis* Kwon & Lee, 1991 울릉금강입술대고둥

108. *Reinia variegata* (A. Adams, 1868) 큰입술대고둥

Superfamily Punctoidea Morse, 1864 납작평탑달팽이상과

Family Discidae Thiele, 1931 평탑달팽이과

109. *Discus elatior* (A. Adams, 1858) 울릉도평탑달팽이

110. *Discus pauper* (Gould, 1859) 평탑달팽이

Family Punctidae Morse, 1864 납작평탑달팽이과

111. *Punctum dageletense* Kuroda & Hukuda, 1944 울릉도납작평탑달팽이

112. *Punctum depressum* Kuroda & Hukuda, 1944 납작평탑달팽이

Superfamily Streptaxoidea Gray, 1860 주름번데기상과

Family Streptaxidae Gray, 1860 주름번데기과

113. *Sinoennea iwakawa* (Pilsbry, 1900) 주름번데기

Superfamily Gastrodontoidea Tryon, 1866 나사밤달팽이상과

Family Gastrodontidae Tryon, 1866 나사호박달팽이과

114. *Zonitoides arboreus* (Say, 1816) 포항호박달팽이

115. *Zonitoides yessoensis* (Reinhardt, 1877) 포항호박달팽이아재비

Family Helicarionidae Bourguignat, 1883 밤달팽이과

116. *Bekkochlamys quelpartensis* (Pilsbry & Hirase, 1908) 제주밤달팽이

117. *Bekkochlamys subrejecta* (Pilsbry & Hirase, 1908) 남방밤달팽이

118. *Discoconulus sinapidium* (Reinhardt, 1877) 아기밤달팽이

119. *Gastrodontella stenogyra* (A. Adams, 1868) 나사밤달팽이

120. *Macrochlamys fusanus* Hirase, 1908 부산밑자루밤달팽이

121. *Macrochlamys hypostilbe* Pilsbry & Hirase, 1909 밑자루밤달팽이

122. *Parakaliella coreana* (Middendorff, 1887) 참밤달팽이

123. *Parakaliella fusaniana* (Pilsbry & Hirase, 1909) 부산참밤달팽이

124. *Parakaliella obesiconus* (Pilsbry & Hirase, 1909) 둥근참밤달팽이

125. *Parakaliella serica* (Pilsbry, 1926) 북방참밤달팽이

126. *Parasitala miyanagai* Kuroda & Hukuda, 1944 울릉도밤달팽이

127. *Sitalina japonica* Habe, 1964 잔주름삿갓밤달팽이

128. *Sitalina chejuensis* Kwon & Lee, 1991 수정밤달팽이

129. *Sitalina circumcincta* (Reinhardt, 1883) 거문도밤달팽이

130. *Trochochlamys crenulata* (Gude, 1901) 삿갓밤달팽이

131. *Yamatochlamys lampra* (Pilsbry & Hirase,1904) 제주아기밤달팽이

Superfamily Zonitoidea Mörch, 1864 호박달팽이상과

Family Zonitidae Mörch, 1864 호박달팽이과

132. *Hawaiia minuscula* (Binney, 1840) 하와이호박달팽이

133. *Retinella radiatula* (Pilsbry & Hirase, 1904) 호박달팽이아재비

134. *Retinella radiatula coreana* Kwon & Lee, 1991 호박달팽이

Superfamily Helicoidea Rafinesque, 1815 달팽이상과

Family Bradybaenidae Pilsbry, 1934 달팽이과

135. *Acusta despecta sieboldiana* (Pfeiffer, 1850) 달팽이

136. *Aegista chejuensis* (Pilsbry & Hirase, 1908) 제주배꼽달팽이

137. *Aegista chosenica* (Pilsbry, 1926) 참배꼽달팽이

138. *Aegista diversa* Kuroda & Miyanaga, 1936 왼돌이배꼽털달팽이

139. *Aegista gottschei* (Middendorff, 1887) 곳체배꼽달팽이

140. *Aegista fusanica* (Pilsbry, 1926) 부산곳체배꼽달팽이

141. *Aegista hebes* (Pilsbry, 1926) 민피라미드배꼽달팽이

142. *Aegista proxima* (Pilsbry & Hirase, 1909) 민둥배꼽달팽이

143. *Aegista pyramidata* (Pilsbry, 1906) 피라미드배꼽달팽이
144. *Aegista quelpartensis* (Pilsbry & Hirase, 1904) 제주배꼽털달팽이
145. *Aegista tenuissima* (Pilsbry & Hirase, 1908) 명주배꼽달팽이
146. *Bradybaena montana* (Kuroda & Miyanaga, 1943) 큰삼방달팽이
147. *Bradybaena sanboensis* (Kuroda & Miyanaga, 1939) 삼방달팽이
148. *Chosenelix problematica* (Pilsbry, 1926) 달팽이아재비
149. *Euhadra dixoni* (Pilsbry, 1900) 내장산띠달팽이
150. *Euhadra herklotsi* (Martens, 1860) 충무띠달팽이
151. *Ezohelix* sp. 1 큰입달팽이
152. *Ezohelix* sp. 2
153. *Lepidopisum verrucosum* (Reinhardt, 1877) 비늘콩달팽이
154. *Koreanohadra koreana* (Pfeiffer, 1846) 참달팽이
155. *Koreanohadra kurodana* (Pilsbry, 1926) 북한산달팽이
156. *Karaftohelix adamsi* (Kuroda & Hukuda, 1944) 울릉도달팽이
157. *Nesiohelix samarangae* Kuroda & Miyanaga, 1943 동양달팽이
158. *Trishoplita pumilio* (Pilsbry & Hirase, 1909) 콩달팽이
159. *Trishoplita ottoi* (Pilsbry, 1926) 각시달팽이

Family Camaenidae Pilsbry, 1895 외줄달팽이과

160. *Satsuma myomphala* (Martens, 1865) 거제외줄달팽이

Superfamily Limacoidea Lamarck, 1801 뾰족민달팽이상과

Family Agriolimacidae H. Wagner, 1935 작은뾰족민달팽이과

161. *Deroceras reticulatum* (Müller, 1774) 작은뾰족민달팽이

Family Limacidae Lamarck, 1801 뾰족민달팽이과

162. *Limax flavus* Linnaeus, 1758 노랑뾰족민달팽이
163. *Lehmannia marginata* Müller, 1774 두줄민달팽이

Superfamily Arionoidea Gray, 1847 민달팽이상과

Family Philomycidae Gray, 1847 민달팽이과

164. *Meghimatium bilineatum* (Benson, 1842) 민달팽이
165. *Meghimatium fruhstorferi* (Collinge, 1901) 산민달팽이

Class Bivalvia Linnaeus, 1758 이매패강

Subclass Pteriomorphia Beurlen, 1944 익형아강

Order Mytilida Férussac, 1822 홍합목

Superfamily Mytiloidea Rafinesque, 1815 홍합상과

Family Mytilidae Rafinesque, 1815 홍합과

166. *Limnoperna fortunei* (Dunker, 1857) 민물담치
167. *Xenotrobus securis* (Lamarck, 1819) 바다살이민물담치

Subclass Palaeoheterodonta Newell, 1965 고이치아강

Order Unionoida Stoliczka, 1871 석패목

Family Unionidae Fleming, 1828 석패과

168. *Inversiunio verrusosus* Kondo, Yang & Choi, 2007 부채두드럭조개

169. *Lanceolaria grayana* (Lea, 1834) 칼조개

170. *Solenaia triangularis* (Heude, 1885) 도끼조개

Subfamily Anodontinae Ortmann, 1910 대칭이아과

171. *Anodonta arcaeformis* Heude, 1877 대칭이

172. *Anodonta arcaeformis flavotincta* (Martens, 1905) 작은대칭이

173. *Anodonta woodiana* (Lea, 1834) 펄조개

Subfamily Hyriopsinae Habe, 1977 귀이빨대칭이아과

174. *Cristaria plicata* (Leach, 1815) 귀이빨대칭이

Subfamily Ambleminae Rafinesque, 1820 두드럭조개아과

175. *Lamprotula coreana* (Martens, 1905) 두드럭조개

176. *Lamprotula leai* (Griffith & Pidgeon, 1834) 곳체두드럭조개

Subfamily Unioninae Fleming, 1828 석패아과

177. *Unio douglasiae* (Griffith & Pidgeon, 1834) 말조개

178. *Unio pliculosus* Martens, 1894 곤줄말조개

179. *Unio sinuolatus* (Martens, 1905) 작은말조개

Subclass Heterodonta Neumayr, 1884 이치아강

Infraclass Euheterodonta 진이치하강

Superorder Imparidentia Bieler, P. M. Mikkelsen & Giribet, 2014 부등치상목

Order Venerida Gray, 1854 백합목

Superfamily Cyrenoidea Gray, 1840 재첩상과

Family Cyrenidae Gray, 1847 재첩과

180. *Corbicula colorata* (Martens, 1905) 공주재첩

181. *Corbicula fenouilliana* Heude, 1883 콩재첩

182. *Corbicula fluminea* (Müller, 1774) 재첩

183. *Corbicula japonica* Prime, 1864 일본재첩

184. *Corbicula leana* Prime, 1864 참재첩

185. *Corbicula papyracea* Heude, 1883 엷은재첩

Superfamily Sphaerioidea Deshayes, 1855 산골상과

Family Sphaeriidae Deshayes, 1855 산골과

Subfamily Pisidiinae Gray, 1857 진산골아과

186. *Pisidium koreanum* Kwon, 1990 산골조개

Subfamily Sphaeriinae Deshayes, 1855 산골아과

187. *Musculium lacustre japonicum* (Westerlund, 1883) 삼각산골조개

Order Myida Goldfuss, 1820 우럭목

Superfamily Myoidea Lamarck, 1809 우럭상과

Family Corbulidae Lamarck, 1818 쇄방사늑조개과

188. *Potamocorbula ustulata ustulata* (Reeve, 1844) 쇄방사늑조개

복족강
Class Gastropoda

1-1 1-2

기수갈고둥

1-3

1-4

2-1

깨알우렁이

2-2

갈고둥과 Family Neritidae

국내에 갈고둥과는 2속 3종이 있는데, 기수갈고둥속(*Clithon*)의 기수갈고둥(*C. retropictum*) 1종이 담수의 영향을 받는 기수 지역에 서식한다. 기수갈고둥은 Martens(1879)가 일본 나가사키에서 채집하여 신종으로 발표했으며, 국내산은 Yoo(1976)가 처음 소개하였다.

1. 기수갈고둥 *Clithon retropictum* (Martens, 1879)

패각은 둥근 난형이고 나층은 4층이지만 성패는 대부분 각정이 침식되어 체층만 남는다. 녹갈색 바탕에 삼각형의 노란색과 검은색 반점이 있고 체층에는 2-3열의 황갈색 띠가 나타난다. 각구는 반원형이고 내순 중앙에 작은 치상돌기가 흔적으로 나타난다. 내순과 축순은 발달된 백색 활층으로 덮이고 뚜껑은 석회질이다. 뚜껑의 외순연을 따라 황색 선이 나타난다. 간조에는 순 민물의 영향을 받고 만조에는 민물과 바닷물이 혼합되는 하구의 기수 지역으로 유속이 빠르고 잔자갈이 깔려있는 곳에 서식한다. 환경부 멸종위기 야생생물(2급)로 지정되어 있다.

- 크　기: 각고 14mm, 각경 14mm
- 채집지: 전남(장흥 사촌리, 탐진강 하류)

깨알우렁이과 Family Hydrocenidae

패각의 크기가 각고 5mm를 넘지 않는 미소종으로 형태는 원추형이며 표면은 비교적 매끈하다. 체층이 크고 봉합이 깊으며 뚜껑은 석회질이다. 동남아시아와 태평양의 섬에 분포한다. 국내에는 1속 1종이 서식하며, 제주도와 남부 지방에 분포하는 육산종이다.

2. 깨알우렁이 *Georissa japonica* Pilsbry, 1900

나층은 4층이다. 패각은 옅은 붉은색 또는 회백색을 띠며, 각정 층으로 가면서 붉은색이 더욱 진해진다. 미세한 나맥과 성장맥이 체층에서 뚜렷하다. 체층은 크고 둥글며 봉합이 깊어 각 나층이 뚜렷하고 둥글다. 각구는 원형이며 두꺼워지거나 젖혀지지 않고 내순 부위에는 활층이 나타난다. 뚜껑은 혁질이고 바깥쪽으로 볼록하다. 습기가 많은 숲 속의 낙엽이나 잔돌 사이에 서식한다.

- 크　기: 각고 2mm, 각경 1.5mm
- 채집지: 전남(거문도, 진도), 전북(내장산), 제주도

산우렁이과 Family Cyclophoridae

패각의 크기는 미소형에서 중형(1-40mm)이며 형태는 둥근 원추형 또는 원반형이다. 각구는

3-1
3-2
산우렁이
3-3
3-4
4-1
4-2
둥근산우렁이
4-3
4-4
5-1
5-2
제주둥근산우렁이
5-3
5-4

둥글고 뚜껑은 혁질이며 다선형이다. 눈은 촉각 아래에 있다. 아시아와 마다가스카르, 아프리카 등지에 분포하는 육산종이다. 국내에는 산우렁이아과(Cyclophorinae) 4속 4종, 나사산우렁이아과(Spirostomatinae) 2속 2종, 혹달팽이아과(Alycaeinae) 1속 3종이 서식하며 중부 및 남부 지방과 제주도에 분포한다.

산우렁이아과 Subfamily Cyclophorinae

패각의 크기는 중형이며 형태는 둥근 원추형 또는 원반형이다. 패각은 비교적 두껍고, 각구는 둥글고 뚜껑은 혁질이며 다선형이다. 국내 제주도와 남부 지방에 분포한다.

3. 산우렁이 *Cyclophorus herklotsi* Martens, 1861

나층은 5층이고 체층이 크다. 껍질은 갈색이고 각 나층을 따라 진한 갈색 또는 적갈색 얼룩무늬가 나타난다. 봉합이 깊고 체층 주연부는 둥글다. 각구는 크고 둥글며 순연이 약간 두꺼워진다. 체층과 인접한 각구 내순 부위는 솟아 있다. 제공은 좁고 깊다. 관목림의 돌 밑이나 낙엽 밑에 서식한다.

- 크　기: 각고 19mm, 각경 20mm
- 채집지: 전남(거문도, 진도, 지리산), 전북(내장산), 제주도

4. 둥근산우렁이 *Cyclotus campanulatus* Martens, 1865

패각은 적갈색 또는 황갈색을 띠며 매끈하고 단단하다. 나층은 4층이고 적갈색 얼룩무늬 띠가 체층에 1줄 있다. 체층은 각고의 약 1/2을 차지하며 각저는 둥글다. 봉합이 깊어 각 나층이 뚜렷하다. 각구는 둥글고 끝이 두꺼워지며 밖으로 젖혀지고 체층과 인접된 각구의 내순 부위는 솟아 있다. 뚜껑은 석회질로 매우 두껍고 단단하다. 제공은 깊고 넓어 제공을 통해 각정 층이 보인다. 약간 건조한 관목림 밑의 낙엽 밑이나 돌 사이에 서식한다.

- 크　기: 각고 10mm, 각경 13mm
- 채집지: 전남(흑산도, 완도, 진도), 전북(내장산), 제주도

5. 제주둥근산우렁이 *Platyraphe minutus quelpartensis* (Pilsbry & Hirase, 1908)

나층은 4층이고 각정부는 솟아 있다. 패각은 대부분 진흙에 덮여 있고 진흙을 제거하면 회갈색의 패각에 촘촘한 성장맥과 나륵이 나타난다. 봉합이 깊어 각 나층이 뚜렷하고 체층은 둥글며 제공은 크고 깊다. 뚜껑은 석회질로 두껍고 다선형이다. 각구는 둥글고 두꺼워지거나 뒤로 젖혀지지 않는다. 관목이 많은 곳의 돌 밑이나 낙엽 밑에 서식한다. 한국 특산종으로 제주도가 모식 산지이다.

- 크　기: 각고 5mm, 각경 7mm
- 채집지: 전남(흑산도), 충남(가의도), 제주도

6-1 6-2 6-3

좀산우렁이

7-1 7-2 7-3

거문도좀달팽이

8-1 8-2 8-3

나사산우렁이

6. 좀산우렁이 *Nakadaella micron* (Pilsbry, 1900)

나층은 3층이고 껍질은 회백색으로 반투명하며 광택이 있다. 각정 부위를 제외한 각 나층에 백색의 성장맥이 나타난다. 봉합이 깊어 각 나층이 뚜렷하고 둥글다. 제공은 매우 크며 각정이 보인다. 뚜껑은 석회질로 다선형이다. 계곡 내 습한 낙엽 밑에 서식한다.

- 크 기: 각고 1.2mm, 각경 2.5mm
- 채집지: 전북(내장산), 제주도

나사산우렁이아과 Subfamily Spirostomatinae

패각 크기는 미소종 또는 중소형으로 나탑은 낮은 원반형이다. 체층은 크고 둥글며 각구도 둥글다. 뚜껑은 혁질이다. *Spirostoma* 속은 뚜껑이 고깔 모양이다. 국내 제주도와 남부 지방의 활엽수림 아래에 주로 서식한다.

7. 거문도좀달팽이 *Nobuea elegantistriata* Kuroda & Miyanaga, 1943

나층은 4층으로 납작한 원반형으로 체색은 회백색이다. 표면에는 미세하고 촘촘한 종륵이 나타난다. 봉합이 깊어 각 나층이 뚜렷하고 둥글게 부풀어 있다. 각구는 둥글고 끝은 얇으며, 두꺼워지거나 반곡하지 않고 체층과 분리되며 아래로 쳐진다. 제공은 넓고 깊어 안쪽으로 각정부가 보인다. 뚜껑은 바깥쪽으로 오목한 원형이며 얇고 다선형이다. 한국 특산종으로 거문도가 모식 산지이다.

- 크 기: 각고 1.5mm, 각경 3.5mm
- 채집지: 전남(거문도)

8. 나사산우렁이 *Spirostoma japonicum japonicum* (A. Adams, 1867)

나층은 5층으로 옅은 황갈색의 광택이 나며 촘촘한 성장맥이 있다. 나층은 편평하며 봉합은 깊지 않으나 각 나층은 뚜렷하다. 체층은 크고 둥글며 각저도 둥글다. 각구는 둥글고 끝이 두꺼워지면서 약간 퍼지며 체층과 인접한 내순 부위가 솟아 있다. 제공은 아주 넓어 각경의 약 1/2을 차지하며, 각정에서 체층까지 나층의 감김을 볼 수 있다. 뚜껑은 6~7층의 고깔 모양이고 나선형으로(좌선) 감겨 있다. 활엽수림의 낙엽 아래에 서식한다. 자웅이체이며 암컷이 수컷보다 크다.

- 크 기: 각고 6mm, 각경 12mm
- 채집지: 전남(진도, 흑산도), 경남(통영[충무]), 제주도

9-1 9-2 9-3

주름혹달팽이

10-1 10-2 10-3 10-4

제주혹달팽이

11-1 11-2 11-3 11-4

둥근혹달팽이

혹달팽이아과 Subfamily Alycaeinae

체층과 차체층 사이의 봉합에 벌레 모양의 돌기물이 있다. 각구는 둥글며 각구 근방의 체층이 고리 모양으로 융기한다. 뚜껑은 혁질이다. 국내 전역에서 출현하며 육산종이다. 혹달팽이아과 3종은 다음과 같은 특징으로 구별된다.

▷ 각구 주변의 관상 고리 융기 정도: 제주혹달팽이〉둥근혹달팽이〉주름혹달팽이

▷ 성장맥의 발달 정도: 둥근혹달팽이〉제주혹달팽이=주름혹달팽이

▷ 체층과 차체층 사이 봉합의 돌기물: 제주혹달팽이〉둥근혹달팽이=주름혹달팽이

9. 주름혹달팽이 *Chamalycaeus hirasei* (Pilsbry, 1900)

나층은 4층으로 편평하고 똬리 모양이며 껍질은 회백색 또는 회갈색이고 각정층은 적갈색을 띤다. 각구 뒤쪽으로 체층과 차체층의 봉합부 사이에 벌레 모양의 부속 돌기가 붙어 있다. 체층 끝부분에서 나층 직경이 좁아지다가 다시 넓어져 관상으로 융기된 모양을 이룬다. 각구 순연은 두껍고 저면이 평평한 삼각형이다. 뚜껑은 혁질이며 다선형이다. 중북부 지역의 석회질이 많은 약간 건조한 토양의 돌무더기 사이에 서식한다.

- 크 기: 각고 3mm, 각경 4.3mm
- 채집지: 강원(노추산, 설악산, 오대산, 평창)

10. 제주혹달팽이 *Chamalycaeus kurodai* (Pilsbry & Hirase, 1908)

나층은 4층으로 편평하고 각정부의 1.5층 정도는 적갈색을 띤다. 봉합이 깊어 각 나층이 뚜렷하고 둥글며 각저도 둥글다. 각구 뒤쪽으로 체층과 차체층 사이의 봉합에 부속 돌기가 붙어 있고 각구 뒤쪽 체층의 일부가 융기된 고리 모양을 이룬다. 각구는 둥글고 뚜껑은 혁질이며 다선형이다. 다소 건조한 토양의 돌 틈에 서식한다. 한국 특산종으로 제주도가 모식 산지이다.

- 크 기: 각고 2mm, 각경 5mm
- 채집지: 전남(진도, 흑산도, 여수), 전북(내장산), 제주도

11. 둥근혹달팽이 *Chamalycaeus cyclophoroides* (Pilsbry & Hirase, 1909)

형태는 제주혹달팽이(*C. kurodai*)와 아주 유사하나, 크기가 좀 더 작고 각구 뒤쪽 체층의 융기 정도가 약하며 체층과 차체층 사이의 부속 돌기가 덜 발달하였다. 성장맥은 제주혹달팽이보다 깊고 세밀하다. 각구는 둥근 삼각형이다. 한국 특산종으로 부산이 모식 산지이며 전국적으로 분포한다.

- 크 기: 각고 3mm, 각경 4.3mm
- 채집지: 경기(수원, 소요산, 용문사), 강원(화천, 두타산, 춘천 창촌리, 노추산, 태백산, 연화산, 가리왕산), 경남(거제도), 전남(지리산), 충남(계룡산, 속리산), 충북(단양), 경북(울진)

12-1

아리니아깨알달팽이

13-1 13-2

큰깨알달팽이

13-3

13-4

14-1 14-2

제주깨알달팽이

14-3

깨알달팽이과 Family Diplommatinidae

크기는 소형으로 대부분 각고가 10mm 이내이다. 형태는 나탑이 높은 탑형이다. 나층에 성장맥이 뚜렷하고 봉합이 깊어 각 나층이 부풀어 있다. 각구는 원형이다. 축순에 1개의 치상돌기가 있으며, 반투명한 백색 뚜껑이 있다. 국내에는 3속 8종이 기록되어 있으며, 이 중에 깨알달팽이붙이(*Diplommatina paxillus ultima* Pilsbry & Hirase, 1908)는 아직 서식이 확인되지 않고 있다. 왼돌이깨알달팽이속(*Palaina*)은 좌선형이다. 활엽수림의 낙엽 층에 서식하는 육산종이다.

12. 아리니아깨알달팽이 *Arinia chejuensis* Kwon & Lee, 1991

나층은 6층이다. 반투명한 회백색이고 4번째 나층에서 각정 부위까지는 연한 적갈색을 띤다. 각정 층을 제외한 패각 전면에 굵은 종륵이 나타나며 봉합은 깊어 각 나층이 둥글고 체층보다 차체층이 크다. 4번째 나층까지의 폭이 일정하다가 그 이후에는 급격히 작아진다. 각구는 원형이나 축순 부위에서 다소 직선을 나타내고 두꺼워지고 퍼지며 순연은 4겹이다. 활층은 체층의 2/3 부분까지 덮고 있다. 축순 내면에 1개의 약한 치상돌기가 있다. 활엽수림의 낙엽 밑이나 돌 사이에 서식한다. 한국 특산종으로 제주도가 모식 산지이다.

- 크 기: 각고 2mm, 각경 1mm
- 채집지: 제주(김녕굴)

13. 큰깨알달팽이 *Diplommatina changensis* Kwon & Lee, 1991

나층은 7층이고 껍질은 회색 또는 연한 적갈색을 띤다. 각정 층을 제외한 각 나층에 굵고 촘촘한 성장맥이 일정한 간격으로 나타난다. 각구는 둥근 원형이고 끝이 두꺼워지며 입술은 2겹으로 그 사이가 깨알달팽이(*D. paxillus*)보다 넓다. 아랫입술은 끝이 약간 젖혀지며 축순과 저순 부위는 다소 직선상이다. 활층이 잘 발달하였으며 체층 위에 활층과 연결된 두껍고 긴 강벽이 있다. 축순에 1개의 강한 치상돌기가 나타난다. 측면에서 바라본 각구의 굴곡은 깨알달팽이보다 완만하다. 반쯤 부식된 낙엽 밑이나 잔돌 틈에 서식한다. 깨알달팽이류 중에서 가장 크며 한국 특산종으로 내장산이 모식 산지이다.

- 크 기: 각고 4mm, 각경 2mm
- 채집지: 강원(점봉산, 오대산, 소백산, 사명산, 태백산, 가리왕산, 노추산, 설악산, 철원, 평창), 전북(내장산), 제주도

14. 제주깨알달팽이 *Diplommatina chejuensis* Kwon & Lee, 1991

나층은 6층이고 회색에 가까운 연한 갈색이다. 각 나층에 미세한 성장맥이 촘촘히 나타나며 봉합이 깊어 각 나층이 뚜렷하다. 차체층은 둥글게 돌출되어 있으며 차체층 폭이 체층 폭보다 넓다. 각구는 체층 주연부에서 시작되어 굴곡이 없는 원형이다. 순연은 2겹이고 안쪽 입술은 넓게 퍼지면서 안쪽으로 약간 젖혀진다. 입술 사이의 간격이 매우 넓다. 축순 내면에 작은 치상

15-1 15-2

거문도깨알달팽이

16-1 16-2 16-3

참깨알달팽이

17-1 17-2 17-3

깨알달팽이

돌기가 1개 있다. 활층이 발달하여 체층 높이의 1/2까지 덮여 있으며 활층 아랫면에 강벽이 나타난다. 돌무덤이나 낙엽 층 속에 서식한다. 한국 특산종으로 제주도가 모식 산지이다.

• 크　기: 각고 2.9mm, 각경 1.4mm
• 채집지: 전북(내장산), 제주도

15. 거문도깨알달팽이 *Diplommatina kyobuntoensis* Kuroda & Miyanaga, 1943

나층은 6층이고 껍질은 황백색으로 반투명하다. 패각에 가는 성장맥이 나타나고 봉합은 깊지 않은 편이다. 체층에 발달된 강벽이 있고, 각구는 원형이지만 다소 각이 지기도 한다. 내순에 활층이 발달하고 축순 부위는 직선이며 1개의 강한 치상돌기가 나타난다. 각구의 순연은 2겹으로 입술 사이의 간격이 좁고, 측면에서 본 각구의 굴곡이 심하다. 돌무덤이나 낙엽 층 속에 서식한다. 한국 특산종으로 거문도가 모식 산지이다.

• 크　기: 각고 2.6mm, 각경 1.4mm
• 채집지: 전남(거문도)

16. 참깨알달팽이 *Diplommatina tyosenica* Kuroda & Miyanaga, 1939

나층은 6층이고 연한 갈색이며 각정부로 가면서 적갈색을 띤다. 성장맥이 가늘고 봉합은 깊은 편이다. 활층과 연결된 각구는 원형이고 크며 순연부에는 1줄의 얕은 고랑이 있다. 축순에 발달되지 않은 치상돌기가 있고 각구는 거의 중앙에 위치한다. 깨알달팽이(*D. paxillus*)와 유사하지만, 본 종은 크기가 다소 작고 나층이 두드러지진 않으나 나층의 폭이 넓다. 각구를 측면에서 보면 깨알달팽이는 굴곡을 이루지만 본 종은 사선의 직선상으로 나타난다. 반쯤 부식된 낙엽 밑이나 잔돌 틈에 서식한다. 한국 특산종으로 금강산(내금강)이 모식 산지이다.

• 크　기: 각고 4mm, 각경 2mm
• 채집지: 경기(용문사), 강원(오대산, 태백산, 가리왕산, 설악산, 영월), 경북(소백산)

17. 깨알달팽이 *Diplommatina paxillus* (Gredler, 1881)

나층은 7층이다. 백색 또는 연한 갈색이며 성장맥이 발달하였다. 차체층의 각폭이 체층보다 크다. 봉합이 깊고 각 나층이 둥글게 부풀어 있다. 각구는 원형이며 두껍고, 2겹의 입술 중에 바깥쪽의 것이 약간 뒤로 젖혀진다. 축순 부위에 강한 치상돌기가 1개 있고 내순에 발달한 활층은 체층의 1/2 부위까지 이른다. 활엽수림의 부식 중인 낙엽 밑이나 잔돌 틈에 서식한다. 전국적으로 분포한다.

• 크　기: 각고 3.5mm, 각경 2mm
• 채집지: 경기(소요산, 용문사), 강원(화천, 두타산, 점봉산, 노추산, 설악산, 오봉산, 오대산, 춘천 창촌리, 평창), 충남(속리산), 충북(단양), 부산, 경북(포항, 울진), 경남(거제도), 전북(내장산, 군산), 전남(목포, 거문도, 완도, 진도, 흑산도, 지리산), 제주도

18-1

왼돌이깨알달팽이

18-2

19-1 19-2

번데기우렁이

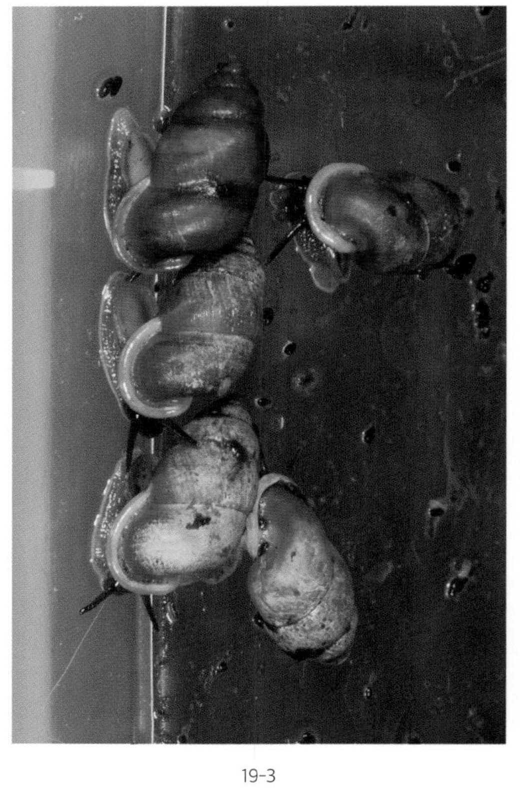

19-3

18. 왼돌이깨알달팽이 *Palaina pusilla* (Martens, 1877)

나층은 5층이며 좌선형이다. 패각은 반투명한 백색이며 각정 층을 제외하고 성장맥이 나타난다. 봉합은 깊어 각 나층이 둥글다. 각구는 원형이고 순연은 두꺼워지고 2겹이다. 축순에 작은 치상돌기가 있다. 활엽수림의 부식 중인 낙엽 밑에 서식한다.

- 크 기: 각고 2mm, 각경 1mm
- 채집지: 강원(점봉산, 사명산, 가리왕산, 노추산, 태백산, 설악산, 오대산, 춘천 창촌리, 철원), 충남(가의도), 경북(소백산), 광주, 전남(내장산, 흑산도), 경남(거제도), 제주도

번데기우렁이과 Family Pupinidae

패각의 크기는 소형이다. 형태는 번데기 모양의 원통형이며 단단하다. 봉합은 깊지 않고 각 나층이 부풀지 않는다. 각구 주연은 두껍고 원형이며 전구와 후구가 있다. 뚜껑은 혁질이다. 육산종이다. 아시아, 동남아시아, 남태평양 도서 지역 및 호주에 분포한다. 국내에는 번데기우렁이속(*Pupinella*)에 번데기우렁이(*P. rufa*) 1종이 서식한다.

19. 번데기우렁이 *Pupinella rufa* (Sowerby, 1864)

나층은 6.5층이다. 패각은 두껍고 단단하며 각피는 매끈하고 적갈색, 자색, 회백색을 띤다. 체층과 차체층 폭이 비슷하고 각 나층에는 비스듬히 미세한 성장맥이 촘촘히 나타난다. 각구는 둥글고 외순과 축순 위쪽에는 한 개씩의 홈(전구와 후구)이 있다. 각구 순연은 두껍고 밖으로 말렸다. 뚜껑은 다선형이고 혁질이다. 낙엽수림의 낙엽 아래나 돌 사이에 서식한다.

- 크 기: 각고 11mm, 각경 5mm
- 채집지: 부산, 울산, 경남(거제도, 통도사), 전남(거문도, 완도, 흑산도, 지리산), 전북(내장산), 제주도

논우렁이과 Family Viviparidae

사과우렁이류(Ampullariidae)가 국내에 도입 전에는 논우렁이과의 패류가 우리나라에서 가장 큰 담수 복족류였다. 패각은 황갈색이며 매끈하고 연한 광택이 난다. 체층은 커서 각고의 70%에 이르고 나탑은 솟아 방추 형태를 띤다. 봉합이 깊어 각 나층의 구별이 뚜렷하고 체층에는 유패 시절의 주연각이 남아 있고, 이 부분을 해부현미경으로 관찰하면 각모의 흔적을 볼 수 있다. 논우렁이과의 패류는 유럽, 아시아, 호주, 그리고 북아메리카 등 거의 전 세계적으로 분포하고 있다. 국내 논우렁이과는 2속 5종이 기록되어 있으나, 서식이 확인되는 종은 큰논우렁이(*Cipangopaludina japonica*), 논우렁이(*C. chinensis malleata*), 강우렁이(*Sinotaia quadrata*) 3종이다(Lee, 2015).

20-1

20-2 유패

논우렁이

20-3 서식지

21-1

큰논우렁이

22-1

강우렁이

20. 논우렁이 *Cipangopaludina chinensis malleata* (Reeve, 1863)

논우렁이(*C. chinensis malleata*)는 Reeve(1863)가 중국을 모식 산지로 신종 기재하였다. 국내에는 Lee(1956)가 '논고동'이란 국명을 처음 붙였으나, Kang 등(1971)이 '논우렁'으로 개칭하였다. 그 후 Yoo(1976)가 본 종을 '논우렁이'로 표기하여 현재 국명으로 사용되고 있다. 논우렁이의 나층은 5층이고 껍질은 검은 갈색을 띤다. 큰논우렁이(*C. japonica*)에 비하여 봉합이 깊어 각 나층이 뚜렷하고 각 나층이 둥글게 부풀어 있다. 각구는 난형이며 순연은 얇고 축순은 각축 쪽으로 젖혀지면서 제공을 가린다. 뚜껑은 혁질이다. 유패는 체층이 둥글지 않고 각이 지며, 가장자리를 따라 각모와 같은 혁질 돌기가 나타난다. 암컷의 양 촉수는 직선상이고 수컷의 오른쪽 촉수는 둥글게 말려 있어 촉수의 형태로 암·수를 구별할 수 있다. 전국의 농로나 저수지, 강, 호수의 늪지에 서식한다.

- 크 기: 각고 60mm, 각경 30mm
- 채집지: 전국의 하천 및 저수지

21. 큰논우렁이 *Cipangopaludina japonica* (Martens, 1860)

큰논우렁이(*C. japonica*)는 Martens(1860)가 일본을 모식 산지로 신종 기재하였다. 국내에는 Kang 등(1971)에서 '큰논우렁'이란 국명이 처음 사용되었고, Yoo(1976), Je(1989), Kwon(1990), Kwon 등(1993), Lee와 Min(2002), Min 등(2004), 이준상 • 민덕기(2005) 등의 문헌과 도감에서 소개되고 있다. 큰논우렁이의 나층은 7층이고 껍질은 연한 갈색을 띤다. 체층 가장자리에 3개의 나륵이 있고 각 나층에는 2개의 나륵이 나타나며, 봉합이 깊지 않아 각 나층이 돌출하지 않고 밋밋하다. 유패는 체층 가장자리에 주연각이 뚜렷하게 나타난다. 각구는 난형이고 뚜껑은 혁질로 난형이다. 일본, 한국, 대만에 분포하며 국내에서는 경상남도 김해 지역에서 채집된 이후 추가 개체군이 발견되지 않고 있다.

- 크 기: 각고 65mm, 각경 46mm
- 채집지: 경남(김해)

22. 강우렁이 *Sinotaia quadrata* (Benson, 1842)

강우렁이(*S. quadrata*)는 논우렁이속(*Cipangopaludina*) 패류에 비하여 나탑이 높고 크기가 작다. 큰논우렁이(*C. japonica*)의 유패와 매우 흡사하지만, 강우렁이는 각질이 단단하고, 좁은 제공이 있으며, 각고에 대한 각경의 비가 크고, 나층이 부풀며, 봉합이 깊은 편이다. 또한 패각 표면에 둔한 나륵으로 구별된다. 강우렁이는 Je(1989)의 기록 이후 국내 채집 기록이 없었으나, Lee(2009)가 국내 서식을 재확인하였다. 금강 유역과 전라북도를 포함하는 남부 지역의 저수지와 늪지에 분포한다.

- 크 기: 각고 27mm, 각경 19mm
- 채집지: 충남(금산), 전북(금풍지)

23-1 23-2

왕우렁이

23-3 알

24-1

섬사과우렁이

사과우렁이과 Family Ampullariidae

사과우렁이과의 왕우렁이(*Pomacea canaliculata*)는 남아메리카의 아르헨티나에서 1979년과 1980년 사이에 대만에 도입, 1981년에는 일본으로 그리고 우리나라에는 1987년 또는 그 이전에 경기도 수원으로 처음 도입되었다(Mochida, 1991). 유사종인 섬사과우렁이(*P. insularus*)도 비슷한 시기에 국내로 도입되었으나 사육하는 농가가 없어 국내 환경에 적응하기 전에 절멸한 것으로 보인다. 사과우렁이과의 국내 기록은 『강원의 자연』(강원도교육청, 1995)과 Kwon 등(2001)에 섬사과우렁이가 먼저 기록되었고, 왕우렁이는 Lee & Min(2002), Min 등(2004), 이준상·민덕기(2005) 등의 논문과 저서에서 소개되고 있다.

왕우렁이는 자생 논우렁이(*C. chinensis malleata*)와 형태가 유사하나, 껍질 색깔이 논우렁이는 황갈색 또는 흑갈색인데 비하여 검붉으며, 여러 개의 적갈색 띠가 각구 안쪽과 표면에 나타나고 성패의 껍질 표면에는 작은 요철상의 울퉁불퉁한 면이 나타난다. 촉수는 논우렁이에 비하여 가늘고 길며 논우렁이 수컷의 오른쪽 촉수는 감겨 있어 외형으로 암수를 구별할 수 있으나 왕우렁이는 이러한 특징이 없다. 논우렁이는 유패를 출산하는 난태생이며, 왕우렁이는 알을 낳는 난생이다. 왕우렁이 성패의 크기는 각고 60mm, 각경 57mm 정도이고 섬사과우렁이는 각고 76mm, 각경 77mm 정도이다. 왕우렁이와 섬사과우렁이는 체층과 나탑의 형태, 패각의 색 등으로 구별된다.

23. 왕우렁이 *Pomacea canaliculata* (Lamarck, 1815-22)

패각의 형태는 둥근 원추형이다. 껍질은 황갈색 바탕에 진한 갈색 띠가 불규칙한 나선대를 이룬다. 각구는 난형으로 크며 외순은 얇고 축순에는 약한 활층을 이룬다. 섬사과우렁이(*P. insularus*)에 비하여 나탑이 높고 봉합이 얕으며 각피가 매끄럽고 성장맥이 나타난다. 뚜껑이 없다. 붉은색 난괴를 수면 바깥에 산란한다. 도입 초기에는 자연월동이 불가능하였으나 근래에는 일부 남부 지방에서 자연월동이 이루어지고 있다. 제주도까지 침입했으며, 습지 생태계의 위해가 우려된다. IUCN의 100대 악성 외래 침입종으로 알려져 있다.

- 크　기: 각고 60mm, 각경 57mm
- 채집지: 경남(김해)

24. 섬사과우렁이 *Pomacea insularus* (d'Orbigny, 1839)

남아메리카 아마존 유역이 원산지로 1983년 양식을 위해 국내에 도입되었다. 체층은 매우 크고 표면은 그물 모양의 굴곡이 있다. 봉합은 깊게 함몰되어 있으며 각구는 크고 난형이다. 수면 밖의 수초나 돌 등에 붉은색 알을 낳는다. 왕우렁이(*P. canaliculata*)와 함께 국내에 도입되었으나 현재는 사육농가가 없어 국내 정착 이전에 소멸된 것으로 여겨진다.

- 크　기: 각고 76mm, 각경 77mm
- 채집지: 경남(김해, 하동 악양면)

25-1

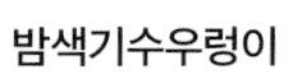

밤색기수우렁이

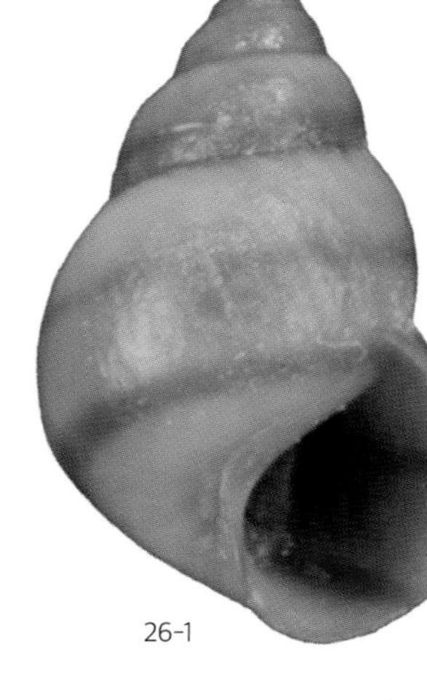

26-1

갈색띠기수우렁이

25-2

기수우렁이과 Family Assimineidae

기수우렁이과(Assimineidae) 패류는 대부분 소형으로 각고는 10mm를 넘지 않는다. 형태는 작은 난형에서 원추형으로 패각은 단단하고 연한 광택이 난다. 각 나층은 크게 부풀지 않으나 봉합은 뚜렷한 편이다. 체색은 대부분 황갈색에서 황적색이고 적갈색 띠를 두르기도 한다. 제공은 거의 없거나 흔적만 있다. 전 세계의 온대 및 열대 지역의 해양, 담수 또는 육상 환경에 광범위하게 출현하지만, 국내 종은 대부분 담수나 기수역의 펄 등에 서식한다. 현재까지는 유일하게 석회동굴 내에서 발견된 둥근동굴우렁이(*Cavernacmella coreana*) 1종도 포함된다. 국내 기수우렁이과 패류는 Kang 등(1971)이 6종을 기록하였고, Choe와 Park(1997)은 7종을 기록하였으며, Lee와 Min(2002)은 5속 12종의 국내 기수우렁이과 패류를 기록하였고, Min 등(2004)의 도감에 기수우렁이과 12종이 사진과 함께 소개되었다. 과거 기수우렁이과 종의 국명은 '~우렁' 또는 '~우렁이'로 표기되었으나, 이 책에서는 모두 '~우렁이'로 통일하여 표기하였다.

국내에 기수우렁이과 패류는 밤색기수우렁이속(*Angustassiminea*)에 밤색기수우렁이(*A. castanea*), 빨강기수우렁이속(*Pseudomphala*)에 빨강기수우렁이(*P. latericea miyazakii*)가 각각 1종씩 기록되어 있다. 기수우렁이속(*Assiminea*)은 둥근좀기수우렁이(*A. estuarina*), 갈대밭기수우렁이(*A. hiradoensis*), 기수우렁이(*A. japonica*), 둥근황갈색기수우렁이(*A. septentrionalis*), 갈색띠기수우렁이(*A. bella*), 좀기수우렁이(*A. lutea*) 6종이 확인되고 있다. 이들은 공통적으로 체층이 부풀고 적갈색 띠를 두르고 있고, 서식처는 대부분 하구나 기수호의 모래 바닥 또는 펄을 이룬 곳의 수초나 갈대 사이이다. 배꼽기수우렁이속(*Paludinellassiminea*)은 공통적으로 제공의 흔적이 나타나는 종으로 배꼽기수우렁이(*P. japonica*), 흰배꼽기수우렁이(*P. stricta*), 큰배꼽기수우렁이(*P. tanegashimae*) 3종이 기록되어 있다.

25. 밤색기수우렁이 *Angustassiminea castanea* (Westerlund, 1883)

나탑이 높은 원추형으로 껍질은 진한 고동색으로 매끄럽고 광택이 난다. 체층은 크고 부풀어 있으나 다른 기수우렁이류 보다는 작다. 각 나층의 봉합 아래 부분은 황백색을 띠고 가늘고 희미한 나륵이 있다. 각구는 난형이고 주연은 두텁다. 축순의 활층이 제공을 덮고 있다. 기수우렁이과(Assimineidae) 종들 중에서 체형이 가장 뾰족하고 나탑이 높아 긴 편이다. 해수 영향을 받는 기수역의 갈대밭에 서식한다.

- 크 기: 각고 5mm, 각경 3mm
- 채집지: 충남(태안 연포), 전남(도처도), 제주(화순)

26. 갈색띠기수우렁이 *Assiminea bella* Kuroda, 1958

나탑이 원추형으로 비교적 높다. 껍질은 황갈색을 띠며 표면에 불규칙한 성장맥이 보이지만 매끄러운 편이다. 각 나층에 적갈색 띠가 나타나는데 체층의 2-3줄이 명확하게 나타난다. 봉합은 깊어 각 나층의 경계가 뚜렷하다. 체층은 크고 비교적 부풀며 아랫면에 둔한 용골 모양의 주

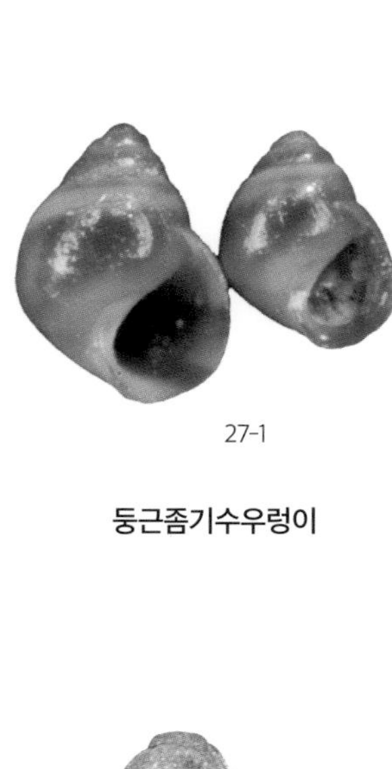

27-1

둥근좀기수우렁이

27-2

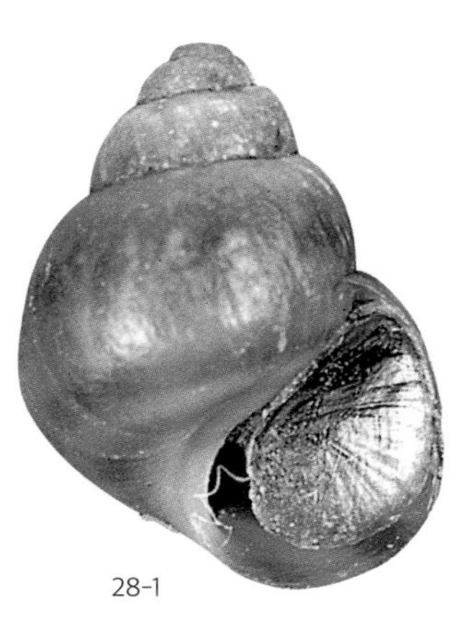

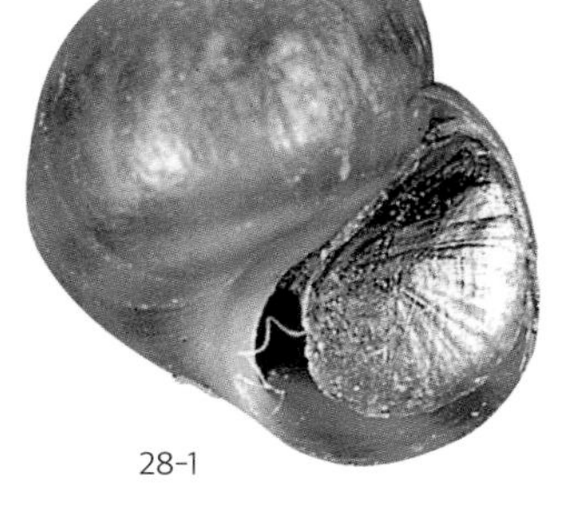

28-1

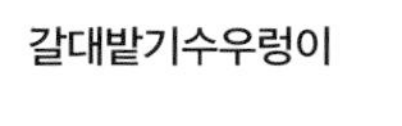

갈대밭기수우렁이

28-2

29-1

기수우렁이

29-2

연각이 나타난다. 각구는 난형이며 내순과 축순의 활층이 제공을 덮고 있다. 기수역의 갈대가 무성한 펄 바닥에 산다.

• 크 기: 각고 5.5mm, 각경 3.5mm
• 채집지: 전북(선유도), 제주(화순)

27. 둥근좀기수우렁이 ***Assiminea estuarina*** **Habe, 1946**

나탑이 낮은 원추형으로 패각은 두껍고 견고하다. 각정 부근이 쉽게 마모되고, 성장맥 불규칙하게 나타나 표면은 거친 편이다. 체층에 황갈색 바탕에 2줄의 적갈색 띠가 있으나 유패는 띠가 잘 나타나지 않는다. 봉합은 비교적 깊은 편이며 체층은 매우 크고 부풀어 있다. 각구는 난형으로 크고 내순의 활층이 제공을 거의 덮고 있다. 조간대의 돌무더기가 많은 곳에 산다.

• 크 기: 각고 2mm, 각경 1.8mm
• 채집지: 제주(화순)

28. 갈대밭기수우렁이 ***Assiminea hiradoensis*** **Habe, 1942**

나탑이 낮은 원추형으로 껍질은 얇으나 단단하다. 나층은 5층이고 갈색 또는 적갈색을 띤다. 각 나층에 적갈색 띠가 나타는데 체층에서 가장 선명하다. 각피가 마모되고 성장맥이 불규칙하여 거친 모습을 보인다. 봉합은 깊고, 각 나층은 약하게 부풀며 체층은 크고 비스듬히 둥글며 각저는 완만한 곡선을 이룬다. 각구는 반월형으로 외순과 저순은 얇고, 내순과 축순 부분은 활층으로 두텁다. 하구나 기수호의 모래 바닥에 서식한다.

• 크 기: 각고 8mm, 각경 5mm
• 채집지: 전남(장흥 수문리, 고흥 사덕리), 제주(화순)

29. 기수우렁이 ***Assiminea japonica*** Martens, 1877

패각은 원추형으로 견고하며 황갈색을 띤다. 패각 표면에는 뚜렷하지 않은 갈색 띠가 3줄 나타난다. 표면은 매끄럽지 않고, 성장맥도 거칠게 나타난다. 생패는 각피가 벨벳 질감이다. 각구는 난형으로 비교적 크며, 내순과 축순은 활층으로 덮여 있으며 제공은 활층으로 완전히 덮여 있다. 강 하구 기수역의 진흙바닥에 서식한다.

• 크 기: 각고 9mm, 각경 6mm
• 채집지: 충남(태안 연포), 전북(선유도)

30-1

둥근황갈색기수우렁이

30-2

31-1

좀기수우렁이

31-2

32-1

둥근동굴우렁이

33-1

빨강기수우렁이

30. 둥근황갈색기수우렁이 *Assiminea japonica septentrionalis* **Habe, 1942**

패각은 나탑이 낮은 원추형으로 얇고 초록색이 도는 황갈색을 띤다. 각정은 대부분 침식되어 회백색을 띠며 패각에 비교적 선명한 적갈색 띠가 나타난다. 체층은 비스듬히 둥글고 체층의 각저가 시작되는 경계선은 둔한 각을 이룬다. 각구는 난형으로 비교적 크다. 기수역의 조간대나 상부의 펄 지역 또는 염생식물이 있는 곳에 산다.

- 크　기: 각고 6mm, 각경 4mm
- 채집지: 전남(장흥 수문리, 고흥 사덕리)

31. 좀기수우렁이 *Assiminea lutea* **A. Adams, 1861**

패각은 나층이 5층인 원추형이지만 각정부의 대부분이 침식되어 체층 부분만 남아 있는 경우가 많은데, 유패 시기에도 마모되어 나타난다. 표면은 황백색을 띠며 약한 광택이 있다. 체층에는 3줄의 갈색의 띠가 있고 차체층에는 1줄이 나타난다. 봉합이 깊고 각 나층이 둥글다. 활층이 제공을 덮고 있다. 각구는 난형으로 크며, 내순과 축순은 활층으로 덮여 있다. 하구의 기수역이나 기수호에 서식한다.

- 크　기: 각고 8mm, 각경 5mm
- 채집지: 강원(송지호, 삼척 근덕면)

32. 둥근동굴우렁이 *Cavernacmella coreana* **Kwon & Lee, 1991**

패각은 둥근 원추형이다. 나층은 3.5층이고 껍질은 명주색으로 반투명하며 연한 광택이 있다. 체층이 매우 커서 각고의 2/3 이상을 차지한다. 봉합은 대체로 깊다. 각구는 난형이며 가장자리는 두껍지 않다. 체층 부위에 한 줄의 고랑이 뻗어 내순과 축순 사이로 이어져 있다. 제공은 좁고 깊다. 강원도 삼척의 환선굴 내부에서 채집된 진동굴성 패류이다.

- 크　기: 각고 1.4mm, 각경 1mm
- 채집지: 강원(환선굴)

33. 빨강기수우렁이 *Pseudomphala latericea* **(H. & A. Adams, 1863)**

패각은 원추형으로 나층은 7층이고 각피는 주로 적갈색이지만 마모되어 회백색을 띠기도 한다. 각정은 마모되지 않고 뾰족하다. 봉합이 얕고, 주변은 황백색을 띠며, 1줄의 나맥이 둘러져 있다. 각 나층은 부풀지 않고, 돌출되지 않으며 불규칙한 성장맥이 나타난다. 체층은 크고 주연각이 없고 둥글다. 각구는 난형으로 가장자리는 두껍지 않다. 축순은 대체로 곧은 직선을 이룬다. 기수성으로 하구 부근의 풀밭이나 진흙에 서식한다.

- 크　기: 각고 9mm, 각경 6mm
- 채집지: 전남(강진 호계리, 장흥 수문리)

34-1

배꼽기수우렁이

34-2

35-1

흰배꼽기수우렁이

35-2

36-1

큰배꼽기수우렁이

34. 배꼽기수우렁이 *Paludinellassiminea japonica* (Pilsbry, 1901)

패각은 원추형으로 나층은 6층이며 나탑이 비교적 높은 편이다. 껍질은 얇으나 단단하고 적갈색 또는 회갈색을 띤다. 표면에는 불규칙한 성장선이 나타나지만 매끈하며 광택이 난다. 봉합은 얕은 편이지만 각 나층의 경계가 뚜렷하며 각 나층은 크게 부풀지 않는다. 체층은 크고 둥글며 가장자리에는 매우 둔한 각이 나타난다. 각구는 난형으로 크다. 각구 가장자리는 두껍지 않으며 축순은 제공 쪽으로 약간 젖혀진다. 제공은 고랑을 이루며 좁고 깊게 돌아 들어간다. 조간대 상부의 잔돌 사이에 서식한다.

- 크　기: 각고 6.5mm, 각경 4.5mm
- 채집지: 경남(남해)

35. 흰배꼽기수우렁이 *Paludinellassiminea stricta* (Gould, 1859)

패각은 원추형으로 나층은 6층으로 나탑이 비교적 높은 편이다. 껍질은 얇지만 견고하다. 패각 표면은 연한 갈색을 띠며 매끈하고 광택이 난다. 봉합은 깊은 편이고 봉합 아래에는 황백색 띠가 둘러져 있다. 각 나층은 대체로 부풀고 가장자리는 둔한 각을 이루어 비스듬한 계단상을 보인다. 각구는 난형으로 대체로 작은 편이다. 각구 가장자리는 두껍지 않으며 축순은 완만하게 둥글다. 제공은 고랑을 이루며 좁고 깊게 돌아 들어간다. 연체는 검은색이다. 배꼽기수우렁이(*P. japonica*)보다 각구가 작고 각경이 넓은 편이지만 구별이 쉽지 않다. 조간대의 만조선 부근에 퇴적물이 쌓인 암초 사이에 서식한다.

- 크　기: 각고 8mm, 각경 5mm
- 채집지: 제주(화순)

36. 큰배꼽기수우렁이 *Paludinellassiminea tanegashimae* (Pilsbry, 1924)

패각은 원추형으로 나층은 6층으로 나탑이 높다. 껍질은 두껍고 단단하다. 패각 표면은 매끈하고 갈색을 띠며 광택이 난다. 봉합은 깊고 봉합 아래는 연한 갈색을 띠며 각 나층은 크게 부풀어 있지 않다. 체층은 매우 크고 가장자리는 둥글지만 둔한 각이 나타난다. 각구는 난형으로 가장자리는 두껍지 않다. 내순과 축순은 활층으로 덮인다. 제공은 고랑을 이루며 좁은 틈과 같이 열려 있다. 조간대 바깥쪽의 암반이나 돌무더기 사이에 서식한다.

- 크　기: 각고 8mm, 각경 5mm
- 채집지: 제주(화순)

작은쇠우렁이

염주쇠우렁이

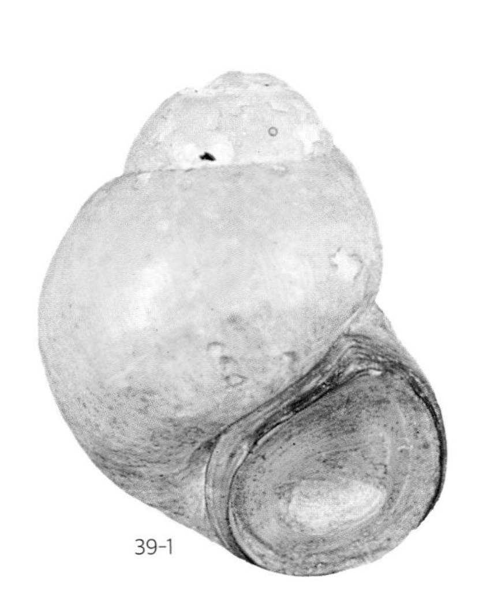

쇠우렁이

쇠우렁이과 Family Bithyniidae

중소형의 담수산 패류로 각고는 5-10mm 정도이다. 형태는 난형에서 원추형으로 형태적 변이가 있다. 패각은 보통 매끄럽지만 성패나 노패가 되면 부분적으로 마모되거나 탈색되기도 한다. 패각 표면에 나선 또는 나륵이 있고 드물게 종륵이 나타나기도 한다. 살아 있는 표본은 연체부에 황색 반점이 관찰된다. 뚜껑은 둥근 난형이며 부분적으로 석회화되어 두껍고 동심원 모양의 성장선이 보인다. 제공은 닫혀 있거나 좁게 열려 있다. 연체부 머리 부분의 오른쪽 촉각 뒤쪽에 피막 돌기(skin flap)가 있다. 쇠우렁이과 패류는 유럽, 아시아, 아프리카, 호주 등지의 담수 또는 기수 지역에 서식하지만 국내 종은 모두 순 담수 지역에서 출현한다. 작은쇠우렁이(*Gabbia kiusiuensis*)는 Siba(1934)가 국내산 쇠우렁이과 패류로 처음 기록하였다. Kim(1988, 1989)은 작은쇠우렁이를 염주쇠우렁이(*G. misella*)의 동종이명으로 간주하고 있으나 본 도감에서는 별개의 종으로 구분하였다.

37. 작은쇠우렁이 *Gabbia kiusiuensis* (Hirase, 1927)

나층은 4.5층으로 회갈색 또는 회백색을 띤다. 나탑이 높고 각정부는 약하게 마모되어 있다. 각피는 매끈하고 검은색의 줄 또는 점무늬가 패각 전체에 나타난다. 봉합은 매우 깊고 각 나층이 뚜렷하며 둥글다. 체층은 크며 가장자리는 둥글고 매끈하다. 성패의 각구는 체층에서 분리되어 있고 난원형이다.

- 크　기: 각고 8.5mm, 각경 4.5mm
- 채집지: 인천(강화도)

38. 염주쇠우렁이 *Gabbia misella* (Gredler, 1884)

나층은 3층으로 황색 또는 회백색을 띠며 각정부는 마모되어 있으나 심하지는 않다. 각피는 매끈하고 광택이 있다. 체층은 크고 둥글고 봉합은 깊다. 각구는 난형이고 다소 두꺼우며 순연에는 적갈색 띠가 있다. 후구가 솟아 있으며 내순은 활층이 발달하고 제공이 나타나기도 한다. 쇠우렁이(*P. manchouricus*) 에 비하여 대체로 패각이 얇고 소형이며 각구가 좁은 차이를 보인다. 하천 주변이나 늪지대, 농수로, 저수지 주변 등에 서식한다.

- 크　기: 각고 5.5mm, 각경 4mm
- 채집지: 충남(공주 동대리)

39. 쇠우렁이 *Parafossarulus manchouricus* (Bourguignat, 1860)

나층은 3.5층으로 껍질은 회백색 또는 황갈색을 띠며 표면에 나륵이 굵게 또는 가늘게 나타난다. 체층과 차체층에 2-3개의 나륵이 있는 개체도 있다. 패각 표면은 석회질이 침착하여 두껍고 거칠게 보이기도 한다. 또한 체층 가장자리에 각이 지고 나륵이 나타나며 나탑이 높은 것,

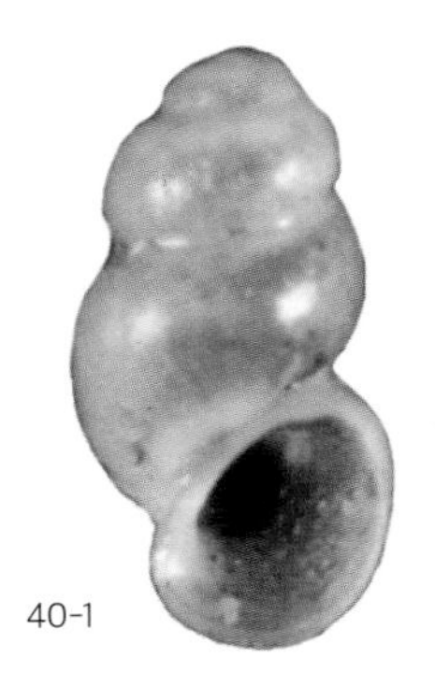

참동굴우렁이

흰동굴우렁이

패각은 둥글고 각구 가장자리는 비후하며 각정은 마모된 것 등 형태적 변이종이 나타난다. 각정부는 대부분 마모되어 있다. 각구 순연은 두껍게 비후하며 진한 갈색 각피가 둘려져 있고 외순 끝은 솟아 있다. 흡충류의 중간 숙주로 알려져 있다. 국내 전역의 펄이 많고 수초가 많은 하천 주변이나 늪지대, 농수로, 저수지 주변 등에 서식한다.

- 크 기: 각고 12mm, 각경 7mm
- 채집지: 경기(양평 양수리), 강원(의암호, 춘천호), 경남(낙동강)

동굴우렁이과 Family Hydrobiidae

동굴우렁이과(Hydrobiidae)의 패류는 전 세계의 담수와 기수 또는 해양의 조간대에서 발견된다. 패각은 길게 늘어나거나 낮은 나선상 형태를 보이며, 대부분 각고가 최대 10mm를 넘지 않는다. 패각 표면은 부드럽고 광택이 나거나 때때로 나선상 조각이나 종륵을 보이기도 하며. 케라틴으로 된 뚜껑이 있다. 국내에는 석회동물 내에서 처음 발견되어 동굴우렁이과로 명명되었다. 본 과의 국내 종은 참동굴우렁이(*Bithynella coreana* Kwon, 1993)와 흰동굴우렁이(*Akiyoshia coreana* Kwon, 1993)가 소개되어 있으나(Kwon 등, 1993) 관련 학회에 정식으로 발표되지 않아 이 책에서는 *Bithynella* sp.와 *Akiyoshia* sp.로 표기하였다.

40. 참동굴우렁이 *Bithynella* sp.

패각은 명주색으로 연한 광택이 난다. 나층은 3.5층이며 각정은 뾰족하지 않고 편평하다. 각 나층에 고운 성장맥이 있으며 봉합이 깊어 나층이 뚜렷하여 각 나층이 이완된 모습을 띤다. 각구는 비스듬한 반원형으로 가장자리는 약간 두껍고 저순은 아래로 넓게 퍼져 있다. 성체의 크기는 각고 2mm, 각경 1mm 정도이다. 강원도 강릉의 동대굴 내 여울에서 채집되었다.

- 크 기: 각고 1.8mm, 각경 0.9mm
- 채집지: 강원(동대굴)

41. 흰동굴우렁이 *Akiyoshia* sp.

패각은 연한 황백색으로 매끈하며 연한 광택이 난다. 나층은 4층이며 각정은 편평하다. 체층이 각고의 3/5을 차지하며 봉합은 깊은 편이다. 각구는 크고 둥근 삼각형으로 내순이 두껍고 약간 함몰되어 있다. 저순은 아래로 넓게 퍼져 있다. 강원도 삼척의 환선굴 내 여울에서 채집되었다.

- 크 기: 각고 2.1mm, 각경 1.1mm
- 채집지: 강원(환선굴)

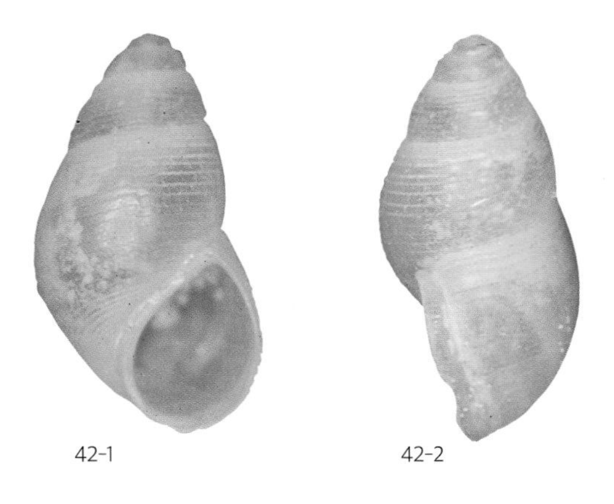

기수깨고둥붙이

예쁜이깨고둥붙이

깨고둥붙이과 Family Iravadiidae

대부분 각고 5mm 이내의 미소형으로 형태는 가늘고 길며 각정이 무디고 뾰족하지 않다. 주로 열대 및 아열대 기수역의 맹그로브 지역이나 하구에서 출현하지만 심해에서 사는 종도 있다. Lee와 Min(2002)은 국내 3속 4종으로 기록하였고, 나중에 Lee와 Min(2009)이 1종을 추가하여 모두 3속 5종이 국내에 서식한다. 국내 깨고둥붙이과의 패류는 대부분 조간대 지역에서 출현하는 해산종이다. 본 도감에서는 기수역에 출현하는 2종을 소개한다.

42. 기수깨고둥붙이 *Elachisina ziczac* Fukuda & Ekawa, 1997

패각은 긴 방추형으로 나층은 약 5층으로 나탑이 낮다. 껍질은 황갈색이고 반투명하며 얇아 부스러지기 쉽다. 각정 부근은 편평하게 돔을 이룬다. 각피는 마모되어 황백색을 띤다. 패각 표면은 좁은 나구가 촘촘하게 나타난다. 봉합은 얕고 각 나층은 부풀지 않는다. 체층이 크고 길며 가장자리는 둥글다. 각구는 난형으로 크며 가장자리는 두꺼워지지 않는다. 축순은 짧고 약하게 젖혀지며 활층의 흔적은 나타나지 않는다. 하구 기수역의 잔돌 주변에 산다.

- 크 기: 각고 3mm, 각경 1.5mm
- 채집지: 제주(화순, 섭지코지)

43. 예쁜이깨고둥붙이 *Fluviocingula elegantula* (A. Adams, 1861)

패각의 크기는 소형이며 둥근 원추형으로 황갈색 또는 황색을 띤다. 체층은 부풀고 가장자리는 둔한 각을 이룬다. 각 나층에 미세한 나륵과 나구가 나타난다. 봉합은 깊어 각 나층이 뚜렷하다. 각구는 난형으로 후구 부분이 좁다. 외순은 얇고 저순은 뒤쪽으로 약하게 젖혀진다. 제공은 거의 없다. 뚜껑은 혁질이다.

- 크 기: 각고 6mm, 각경 3mm
- 채집지: 강원(화진포호)

둥근입기수우렁이과 Family Stenothyridae

패각이 각고 5mm를 넘지 않는 소형이며 형태는 난원형 또는 항아리 모양이다. 체색은 황갈색 또는 갈색을 띤다. 패각의 체층은 매우 커서 각고의 2/3 이상을 차지한다. 종에 따라 체층의 부푼 정도가 다르며 각구 내순과 접한 면이 약간 함몰되고 사선의 좁은 고랑을 이룬다. 각 나층에는 미세한 나구가 비스듬하게 나타난다. 각구는 원형이며 가장자리는 평면상을 이룬다. 제공은 체층과 각구연 사이에 좁게 나타난다. 뚜껑은 혁질이며 소선형이고 핵은 중앙 근처에 있다. 담수역이나 염분의 영향을 받는 기수역에 서식한다. 국내의 둥근입기수우렁이과는 Kwon과 Habe(1979)가 둥근입기수우렁이(*Stenothyra glabra*)의 국내 서식을 확인하였고, 흑색반점기수우렁이(*S. edogawaensis*)는 Choe(1986)에 의하여 기록되어 현재 1속 2종이 국내에 알려져 있다.

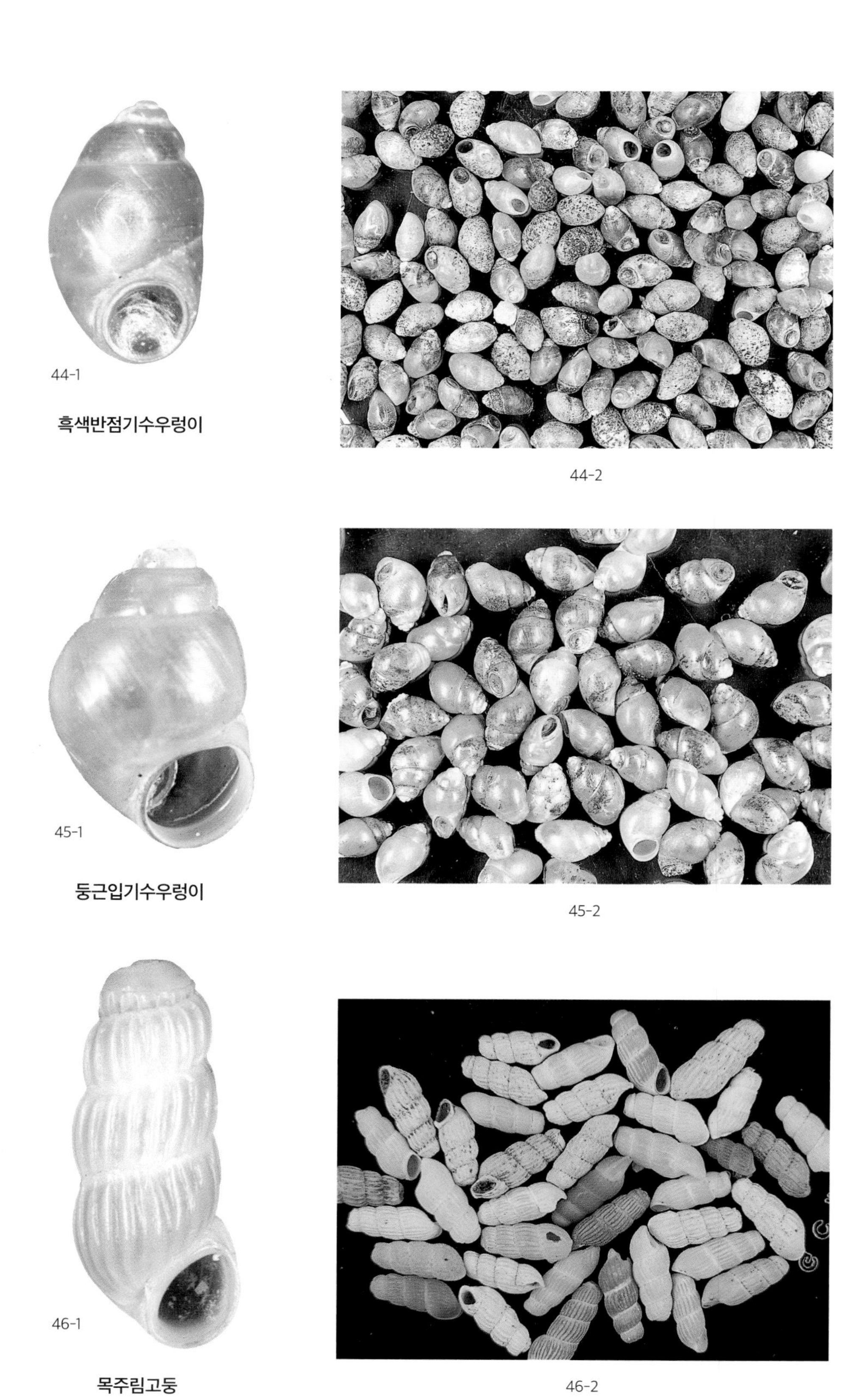

44-1

흑색반점기수우렁이

44-2

45-1

둥근입기수우렁이

45-2

46-1

목주림고둥

46-2

44. 흑색반점기수우렁이 *Stenothyra edogawaensis* (Yokoyama, 1927)

나층은 약 4층이고 각정은 주로 마모되어 있다. 체층에는 미세한 나구가 있는데 각저에서는 간격이 좁고 주연으로 올라가면서 간격이 넓어진다. 각구는 둥글고 작은 편이며 체층에서 약간 돌출되어 있는 것 같으나 측면에서 보면 체층 전면과 일직선상에 있다. 각구 주위에 나륵이 둘려 있다. 봉합은 둥근입기수우렁이(*S. glabra*)보다 얕으며 나층의 부풀음도 약한 편이다. 패각이 반투명하여 내부의 연체가 비쳐서 흑색 무늬가 있는 것처럼 보이나 껍질에는 무늬가 없다. 내만의 펄 바닥에 서식한다.

- 크　기: 각고 2.8mm, 각경 1.8mm
- 채집지: 인천(동막해수욕장), 충남(태안 연포)

45. 둥근입기수우렁이 *Stenothyra glabra* (A. Adams, 1861)

나층은 4-5층이고 황갈색을 띠며 미세한 나구가 있으며 성장선이 뚜렷하다. 봉합은 깊은 편이며 각 나층은 부풀어 있다. 각구는 돌출하지 않고 체층 면과 일직선을 이룬다. 각구는 원형이며 뚜껑 안쪽에 발이 붙었던 곳에 2개의 가로 돌기가 있다. 하구의 진흙 바닥이나 수초에 붙어 서식하며 해안에 가까운 담수 지역의 농로에서도 발견된다.

- 크　기: 각고 4.2mm, 각경 2.8mm
- 채집지: 충남(아산), 전북(김제)

목주림고둥과　Family Truncatellidae

목주림고둥과(Truncatellidae)는 2개의 아과(Truncatellinae와 Geomelaniinae)로 구성되는데 국내 종은 모두 Truncatellinae에 속한다. 패각은 실린더 모양으로 길이가 10mm를 넘지 않는 소형이다. 성체의 상부 나층은 탈락하고 종륵이 발달하거나 매끈하다. 각구는 난형이고 수관구가 없다. 뚜껑은 석회질이 침작 되어있고 소선형이다. 아가미가 있는 반해산 또는 반육산종으로 해안의 조간대 상부에 서식한다.

46. 목주림고둥 *Truncatella guerinii* A. & J. B. Villa, 1841

나층은 7-8층이나 성패가 되면 4-5층만 남는다. 연갈색 또는 분홍색이며 굵은 종륵이 발달한다. 봉합은 뚜렷하고 각 나층은 부풀지 않는다. 각구는 난형이며 약간 두꺼워지며 뒤로 퍼진다. 성패의 각구 순연은 2겹이다. 조간대 상부의 돌 밑에서 잘 채집된다.

- 크　기: 각고 15mm, 각경 4mm
- 채집지: 인천(백령도), 전남(거문도, 톱머리해수욕장), 경남(명사해수욕장), 제주(북촌리, 신양)

47. 분홍목주림고둥 ***Truncatella pfeifferi* Martens, 1860**

연한 갈색을 띠며 광택이 있다. 나층은 7-8층이나 성패가 되면 3-4층만 남는다. 가늘고 낮은 종륵이 있다. 봉합은 얕고 봉합 하역에는 백색의 띠가 있다. 성패의 각구는 삼각형에 가까운 난형이고 백색으로 두껍다. 각구의 순연은 2겹이다. 조간대 상부의 돌 밑에 서식한다.

- 크 기: 각고 13mm, 각경 3mm
- 채집지: 인천(백령도), 충남(태안 채석포), 전남(우이도), 경남(남해 송정리, 명사해수욕장), 제주(비양도)

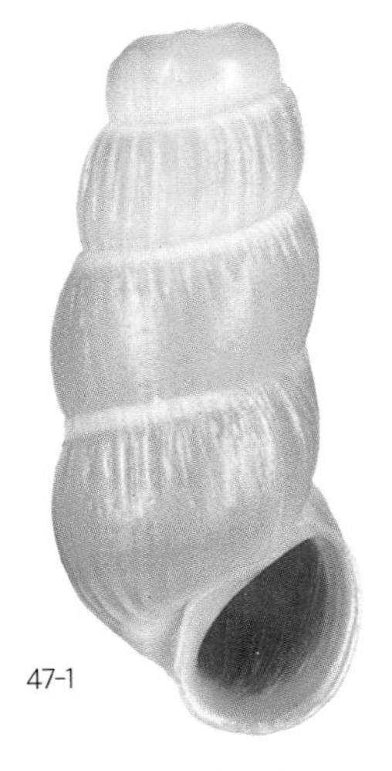

47-1

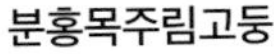

분홍목주림고둥

47-2

다슬기과 Family Pleuroceridae

국내 다슬기과(Pleuroceridae) 담수 복족류는 Martens(1905)이 *Melania*속의 15종 및 3아종으로 정리하여 발표하였으나, Kuroda(1929)와 Miyanaga(1942)는 Martens의 15종 및 3아종을 *Semisulcospira*속의 6종 및 3아종으로 정리하였다. 그 후 Kwon과 Habe(1979)는 국내 다슬기과를 *Semisulcospira*와 *Koreanomelania*의 2개 속으로 구분하고 *Koreanomelania*속에 Martens(1886)의 *nodifila*와 *globus*를 편입시켰다. 또한 Burch 등(1987)은 Martens(1886)의 *nodifila*를 *Hua* (*Koreanomelania*) *nodifila*로 기록하고, *Martens*(1886)의 *globus*로 잘못 동정되어 왔던 종을 *Koreoleptoxis*속의 아종(*K. globus ovalis*)으로 발표하여 한국산 다슬기과를 *Semisulcospira, Koreoleptoxis, Hua*의 3개 속으로 구분하였다. 따라서 국내 다슬기과 패류는 모두 4개의 속(*Semisulcospira, Koreanomelania, Koreoleptoxis, Hua*)으로 나누어지지만, 현재 *Hua* 속은 인정하지 않고, 다슬기속(*Semisulcospira*), 염주알다슬기속(*Koreanomelania*), 띠구슬다슬기속(*Koreoleptoxis*)의 3속으로 표기하고 있다(Lee, 2016). 한편 WoRMS(World Register of

Marine Species)에서는 *Koreanomelania*속을 *Koreoleptoxis*의 동속이명으로 보고, *Koreoleptoxis globus ovalis* Burch & Jung, 1987는 *Koreoleptoxis globus* (Martens, 1886)의 동종이명으로 표기하고 있으나, 본 책자에서는 Lee (2016)의 표기에 따랐다.

다슬기속(*Semisulcospira*)의 패류는 다슬기 *S. libertina* (Gould, 1859), 곳체다슬기 *S. gottschei* (Martens, 1886), 주름다슬기 *S. forticosta* (Martens, 1886), 좀주름다슬기 *S. tegulata* (Martens, 1894), 참다슬기 *S. coreana* (Martens, 1886)의 5종으로 속 간 종의 형태적 변이가 심하고, 타 종과의 구별 형질이 뚜렷하지 않아 오동정이 잦은 분류군이다. 모두 난태생이다.

염주알다슬기속(*Koreanomelania*)은 모두 유속이 빠른 하천의 상류 지역에 서식한다. 빠른 유속에 적응해 각구가 크며, 각고가 낮은 둥근 형태를 이룬다. 연체부의 발의 면적도 넓게 진화했다. 염주알다슬기속에는 압록강을 모식 산지로 Martens (1894)이 발표된 주머니알다슬기(*K. paucicincta*)도 포함된다. 이 종은 Martens 이후로 추가 채집 기록이 없었다가 Kwon(1990), Kwon 등(1993), Chung(2003)이 남부 지역에서 본 종의 서식을 기록하였으나, 제시된 사진의 외형이 다슬기(*S. libertina*)의 산간 계류형과 매우 유사하다. 발생 방법과 암컷의 산란 홈 유무 등의 발생 및 형태학적 분류 형질이 추가로 제시될 필요가 있다.

띠구슬다슬기속(*Koreoleptoxis*)은 Burch와 Jung(1987)에 의하여 신설된 속으로 띠구슬다슬기(*K. globus ovalis*)가 여기에 속하며, Martens(1886)의 *Melania globus*와는 별개의 종으로 보고 있다.

다슬기과(Pleuroceridae)의 속, 종 검색표

1. 패각은 난형 또는 원형이며 각구가 넓다. 난생이다. ···················➤ 2
1. 패각은 탑형을 이루며 각구가 좁다. 난태생이다. ·········➤ 다슬기속(*Semisulcospira*) 3
2. 패각은 발달된 나륵 위에 두드러진 결절상 돌기가 나타난다. ···················➤ 염주알다슬기속(*Koreanomelania*) 염주알다슬기 *K. nodifila*
2. 패각은 매끈하여 결절상 돌기가 없다. ···················➤ 띠구슬다슬기속(*Koreoleptoxis*) 띠구슬다슬기 *K. globus ovalis*
3. 패각은 매끈하고 가는 나선이 있으며 체층에는 적갈색 띠가 나타난다. ···················➤ 다슬기 *S. libertina*
3. 패각에는 종륵 또는 나륵이 발달하고 결절을 이룬다. ···················➤ 4
4. 패각에는 종륵과 나륵이 교차하여 결절을 이룬다. ···················➤ 5
4. 패각에는 종륵만이 발달한다. ···················➤ 6

48-1 48-2

염주알다슬기

49-1 49-2

띠구슬다슬기

5. 각저에 굵은 나륵이 2-3개 나타나고 패각 전체에 종륵상 결절이 발달한다. ………… ……………………………………………………………………► 곳체다슬기 *S. gottschei*

5. 각저에 나륵은 굵지 않고 조밀한 결절은 차체층 이후에 발달한다. …………………… ……………………………………………………………………► 참다슬기 *S. coreana*

6. 굵은 종륵이 각저에서 각정까지 나타나며 그 사이가 넓고 깊다. …………………… ……………………………………………………………………► 주름다슬기 *S. forticosta*

6. 각폭이 좁고, 각저의 나륵은 체층까지 이어지며, 봉합이 깊다. 종륵이 있으면 체층 상부에서 각정까지 좁고 얕게 나타난다. ……………………► 좀주름다슬기 *S. tegulata*

48. 염주알다슬기 *Koreanomelania nodifila* (Martens, 1886)

껍질은 황갈색 또는 흑갈색이다. 나층은 4층이나 성패의 각정은 대부분 마모되어 있고 굵은 구슬 모양의 돌기가 발달했다. 체층에는 이 돌기들이 만드는 종륵이 11줄, 나륵은 5줄 정도 나타난다. 지역에 따라 돌기가 없고 굵은 나륵만 나타나는 경우도 있다. 봉합은 깊지 않고 각구는 난형으로 크다. 외순은 표면의 나륵으로 요철을 이루고 내순은 백색의 활층이 발달하며 축순은 활층으로 다소 두껍다. 난생하며 암컷은 오른쪽 두족 부분에 산란 홈이 있다. Kwon 등(1993)과 Chung(2003)에는 본 종의 국명이 '구슬알다슬기'로 잘못 표기되어 있다. 한국 특산종이며 환경부 멸종위기 야생생물(2급)로 지정되어 있다.

- 크　기: 각고 20mm, 각경 13mm
- 채집지: 강원(인제, 평창, 영월), 경기(연천)

49. 띠구슬다슬기 *Koreoleptoxis globus ovalis* Burch & Jung, 1987

껍질은 흑갈색 또는 암녹색으로 단단하며 나층은 3층이고 약한 성장맥이 나타난다. 체층은 매우 크고 원형에 가깝다. 각구는 난형으로 매우 크며 축순은 짧고 내순은 활층이 발달한다. 체층에 약한 나륵이 있거나 성장선이 무늬 모양으로 나타나는 개체도 있다. 난생하며 암컷은 오른쪽 두족 부분에 산란 홈이 있다. 중부와 북부 지역 하천의 유속이 빠른 상류 지역에 서식한다. 과거 *Koreanomelania globus*로 표기된 종은 모두 본 종으로 본다. 서식지 환경은 염주알다슬기와 유사하다. 한국 특산종이다.

- 크　기: 각고 20mm, 각경 13mm
- 채집지: 강원(인제, 평창, 영월), 충북(제천), 경기(연천)

참다슬기

주름다슬기

곳체다슬기

50. 참다슬기 *Semisulcospira coreana* (Martens, 1886)

껍질은 황갈색 또는 흑갈색이고 나층은 5-6층이나 대부분 부식되어 3-4층만 남는다. 체층은 크며 나륵이 여러 개 있고 차체층 이후에는 작은 돌기로 종륵을 이룬다. 봉합은 깊지 않다. 각구는 난형으로 크고 각구 내면은 청백색 또는 암갈색이며 개체에 따라서 갈색 띠가 있는 것도 있다. 중북부 지역 하천의 중류와 상류 지역에 서식한다. 한국 특산종이다.

- 크　기: 각고 30mm, 각경 14mm
- 채집지: 강원(양구, 인제, 횡성, 의암호)

51. 주름다슬기 *Semisulcospira forticosta* (Martens, 1886)

껍질이 짙은 갈색이다. 나층은 5-6층이고 각 나층에 뚜렷한 굵은 종장륵과 약한 나륵이 교차한다. 봉합이 깊고 체층 위의 종륵은 각구 내순 부분까지 연결되기도 한다. 서식지에 따라 종륵의 폭과 발달 정도가 다르다. 각저에는 보통 4줄의 나륵이 나타난다. 하천의 하류보다는 중·상류 지점에 주로 서식하는데 출현 빈도가 비교적 낮다. 한국 특산종이다.

- 크　기: 각고 32mm, 각경 12mm
- 채집지: 강원(강릉, 태백), 경기(장호원), 경북(문경)

52. 곳체다슬기 *Semisulcospira gottschei* (Martens, 1886)

껍질은 짙은 갈색이고 나층은 6층이다. 형태적 변이가 심하여 동종이명이 여러 개이다. 종륵과 나륵이 발달하는데 봉합은 얕고 하역에 1줄의 돌기상과 그 밑에 결절상의 나륵이 나타나는 종이 *gottschei* 타입이고, 봉합이 넓고 깊으며 각 나층에 3열의 돌기상 나륵이 날카롭게 나타나는 종이 *nordiperda* 또는 *n. connectens* 타입이다. 또한 체층이 둥글고 매우 크며 나륵 위의 돌기 발달이 미약한 종은 *qunaria* 타입이며 종륵은 나타나지 않고 나륵만 발달되어 있는 종이 *succincta* 타입이다(Miyanaga, 1942). 각저에는 보통 굵은 나륵이 3-4개 나타난다. 각구는 난형이고 외순은 얇고 요철을 이룬다. 내순은 백색의 활층으로 덮여 있다. 난태생이며 자웅이체이다. 중·북부 하천의 중·하류 지점에 주로 서식한다. *gottschei* 타입은 다슬기류 중에서 오염에 가장 내성이 강하다.

- 크　기: 각고 35mm, 각경 13mm (*gottschei* type)
- 채집지: 강원(의암호), 경기(양평 양수리, 가평 복장리)

다슬기

좀주름다슬기

53. 다슬기 *Semisulcospira libertina* (Gould, 1859)

나층은 5-6층이지만 각정 층은 대부분 마모되어 있다. 껍질은 황갈색이고 연한 광택이 난다. 보통 2줄의 적갈색의 띠가 체층에 나타나고 차체층까지 연속되기도 한다. 대부분 패각은 매끈한 편이지만 표면에 조밀한 나맥이 있거나 종륵과 나륵이 교차하여 종륵이 우세한 돌기로 이루어진 개체군도 있다. 유속이 빠른 수역에서는 체층과 차체층 이후의 나층이 모두 마모되어 띠구슬다슬기와 유사한 모양의 집단도 나타난다. 대부분 각구 폭이 좁고 저순 끝은 뾰족하다. 주로 남부 지방의 유속이 빠른 중상류 지역에서 출현하며, 산간의 계곡천에도 서식한다. 다슬기과 패류 중 가장 형태적 변이가 심한 종이다. Kwon(1990)과 Chung(2003)의 울릉도다슬기(*S. ulnungdoensis*)는 경상북도 지역에서 인위적으로 이주된 다슬기(*S. libertina*)이다.

- 크　기: 각고 25mm, 각경 8mm
- 채집지: 강원(삼척), 경북(문경, 울진), 경남(하동), 전남(고흥 풍남리), 제주(안덕계곡)

54. 좀주름다슬기 *Semisulcospira tegulata* (Martens, 1894)

껍질은 갈색 또는 황갈색이다. 나층은 5-6층이다. 각폭이 좁아 가늘고 긴 모습을 보인다. 좁고 돌출되지 않은 종륵이 나타나는데 주로 봉합 밑에서 발달한다. 체층은 부풀지 않고 각저에는 3-4개의 나맥이 있다. 봉합이 깊어 각 나층의 경계가 뚜렷하다. 각구는 좁은 난형이다. 서식지에 따라서 종륵이 아주 가늘거나 나타나지 않는 것도 발견된다. 중·남부 지역의 하천 중상류역 또는 해안으로 유입되는 소하천에 주로 서식한다. 한국 특산종이다.

- 크　기: 각고 30mm, 각경 10mm
- 채집지: 충남(청양 구룡리), 경남(거제 갈곶), 전남(해남 성진리, 고흥 풍남리), 전북(내장산)

물달팽이과 Family Lymnaeidae

물달팽이과에 속하는 종들은 공기호흡을 하는 담수산 패류이다. 패각은 중소형 또는 중형이고 형태는 길거나 둥근 난형이다. 껍질은 반투명하며 얇다. 체층이 크고 각구도 매우 크다. 활층과 축순이 발달한다. 수온이 상승하는 웅덩이나 소택지, 농로 등에 주로 서식하며 촉각 기부에 눈이 있다. 전 세계적으로 분포하고 국내에는 외래종 1종과 함께 3속 3종이 서식한다. 이외에 국내산으로 알물달팽이(*Lymnaea palustris ovata* Draparnaud, 1805)가 기록되어 있으나 실체가 확인되지 않고 있다. 물달팽이류와 형태적으로 매우 유사한 뾰족쨈물우렁이(*Oxyloma hirasei*)와 참쨈물우렁이(*Neosuccinea horticola koreana*)는 공기호흡을 하는 유폐류인 병안목의 육산종이다. 하천 주변의 수변식물에 주로 서식하여 뜰채 등을 이용하여 저서생물을 채집할 때 가끔 혼획되기도 한다.

55-1

55-2

긴애기물달팽이

56-1

56-2

물달팽이

물달팽이과(Lymnaeidae)의 속, 종 검색표

1. 체층은 각고의 대부분을 차지하고 각축은 꼬여 있으며 나탑은 매우 낮다. ……………………………………………………………➤ 물달팽이속(*Radix*) 물달팽이 *R. auricularia*

1. 체층은 부풀고 각축은 비교적 곧다. 봉합이 깊고, 나탑을 이룬다. ……………………➤ 2

2. 체층은 둥글게 부풀며 나탑이 낮다. ……………………………………………………………➤ 애기물달팽이속(*Austropeplea*) 애기물달팽이 *A. ollula*

2. 체층은 약간 부풀고 봉합이 매우 깊으며 나탑이 높다. ……………………………………………………………➤ 긴애기물달팽이속(*Fossaria*) 긴애기물달팽이 *F. truncatula*

55. 긴애기물달팽이 *Fossaria truncatula* (Müller, 1774)

껍질은 황갈색이며 나층이 5층으로 높고 가늘다. 체층과 차체층과의 크기 차이가 애기물달팽이(*A. ollula*)나 물달팽이(*R. auricularia*)보다 적고 봉합이 깊어 나층이 뚜렷하며 부풀어 있다. 체층이 각고의 2/3 정도로 물달팽이의 4/5나, 애기물달팽이의 3/4보다 상대적으로 체층이 작다. 각구는 좁은 편이며 제공은 매우 좁다. 내순과 축순의 활층은 발달하지 않았다. 농수로 또는 진흙이 많은 호수 주변이나 강가에 서식한다. 유럽이 원산지로 국내 유입된 외래종이다.

- 크 기: 각고 9mm, 각경 5mm
- 채집지: 강원(의암호, 골지천)

56. 물달팽이 *Radix auricularia* (Linnaeus, 1758)

패각은 중형의 난형이며 껍질은 얇다. 체색은 회백색, 회갈색, 검은색 등 서식지에 따라 달리 보이나 육질이 제거되면 모두 껍질이 회백색이다. 나층은 3-4층이고 각정이 작고 뾰족하다. 체층이 각고의 대부분을 차지하는데 체층은 폭이 넓고 둥글며 체층 이후는 급격히 감소하여 체층이 상당히 비후하다. 각구는 원형으로 아주 넓고 성패는 약간 젖혀진다. 각축이 심하게 꼬여 있으며 내순과 축순은 발달된 활층으로 덮여 있다. 제공은 없다. 지역에 따라 패각 형태의 차이가 많고 강이나 연못가, 호수가 등의 수온이 높은 지역에 주로 서식한다. 오염된 곳에서도 채집되는 수질 오염 지표종이다.

- 크 기: 각고 23mm, 각경 14mm
- 채집지: 전국의 강, 연못, 호수

57-1

애기물달팽이

58-1

왼돌이물달팽이

57. 애기물달팽이 *Austropeplea ollula* (Gould, 1859)

껍질은 옅은 회갈색이며 나층이 4층으로 높고 각정이 뾰족하다. 체층은 커서 각고의 3/4 정도이고 체층과 차체층의 폭이 점진적으로 감소되어 체층의 주연은 완만하게 부풀어 있다. 봉합은 깊고 각 나층은 약하게 부풀어 있다. 내순과 축순 사이의 각축이 약간 꼬여 있다. 축순은 곧고 밖으로 젖혀지며 내순과 축순은 활층으로 덮여 있다. 각구는 난형으로 외순은 둥글지 않고 저순은 둥글다. 지역에 따라 개체변이가 나타나며 물달팽이 유패와 혼동되기 쉽다. 작은 고랑이나 강으로 흘러드는 수로에 서식한다.

- 크 기: 각고 15mm, 각경 9mm
- 채집지: 전국에 분포

왼돌이물달팽이과 Family Physidae

패각의 크기는 중소형이며 형태는 난원형 또는 긴 난형이며 패각의 꼬임 방향이 왼쪽인 좌선형이다. 유럽이 원산지로 관상어나 수초를 수입하면서 국내에 유입된 외래종이다. 세계적으로 80여 종이 기록되어 있으며 국내에는 1속 1종이 서식한다.

58. 왼돌이물달팽이 *Physa acuta* Draparnaud, 1805

껍질은 광택이 있는 옅은 갈색 또는 적갈색이며 체층이 커서 각고의 4/5 정도가 되고 나층은 4층이다. 제공은 없고 각구는 좁고 긴 난형이다. 백색의 활층이 발달하고 각축이 꼬여져 있으며 축순이 발달한다. 논이나 논의 수로, 강가, 호수가 또는 유원지의 오염된 하천이나 강, 작은 도시의 하수구나 수로 등에 서식한다. 오염이 심한 곳에서도 서식하는 수질 오염 지표종이다.

- 크 기: 각고 12mm, 각경 7mm
- 채집지: 전국에 분포

또아리물달팽이과 Family Planorbidae

또아리물달팽이과(Planorbidae) 패류는 삿갓형 또는 원반형으로 똬리 모양을 이룬다. 각경은 최대 10mm를 넘지 않는 소형종으로 체층 높이가 각고와 같다. 제공은 매우 크고 각구는 넓은 반월형이다. 모두 담수산이고 농수로나 논, 작은 도랑 등에서 주로 발견되며 물 위에 떠서 장거리 이동을 한다. 헤모글로빈을 호흡색소로 갖고 있어 연체부가 붉은색을 띤다. 전 세계적으로 분포한다. 국내 또아리물달팽이과 패류는 *Gyraulus chinensis*, *Gyraulus illibatus*, *Hippeutis cantori*, *Indoplanorbis exustus*, *Polypylis hemisphaerula* 등의 4속 5종이 기록되어 있으나(Lee, 2015), 또아리물달팽이(*G. chinensis*), 수정또아리물달팽이(*H. cantori*), 배꼽또아리물달팽이(*P.*

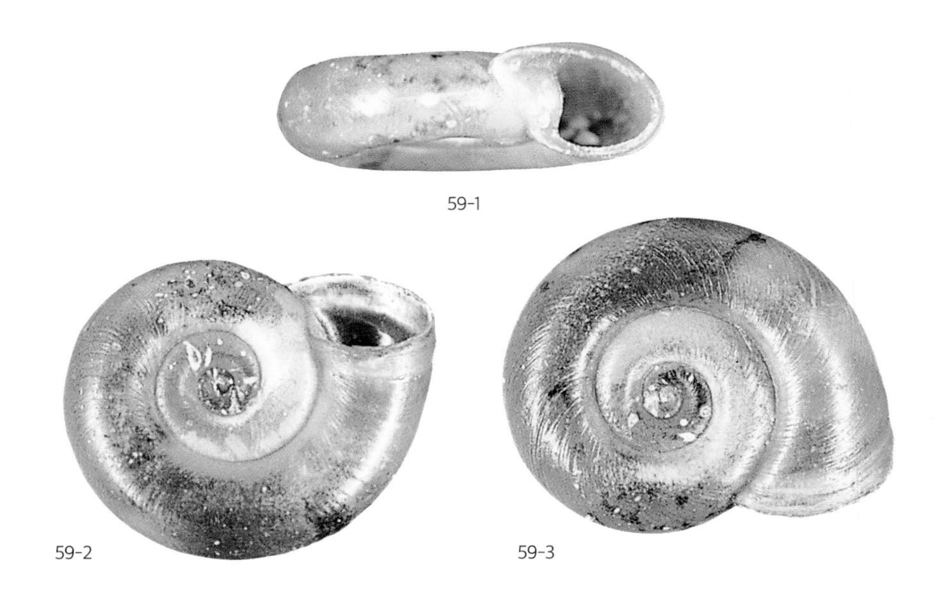

또아리물달팽이

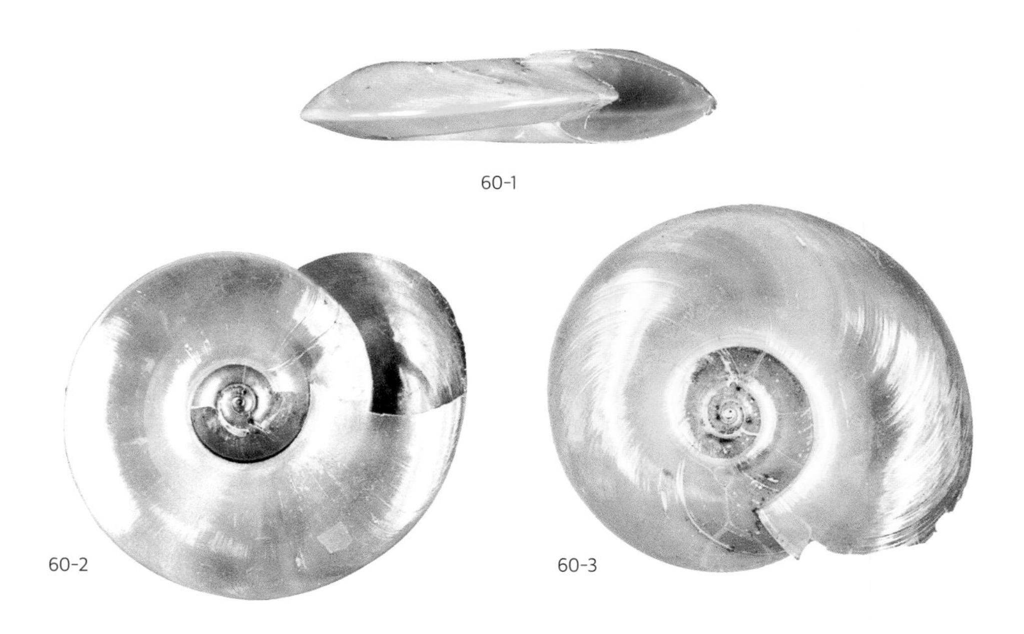

수정또아리물달팽이

hemisphaerula) 3종만 발견되고 있다. 또아리물달팽이류는 체층 가장자리의 형태 차이로 쉽게 구분된다. 또아리물달팽이과에는 민물삿갓조개아과(Ancylinae)가 포함된다.

또아리물달팽이과(Planorbidae)의 속, 종 검색표

1\. 패각 각경은 10mm에 이르며, 체층 주연각이 강하다. ······································ ························► 수정또아리물달팽이속(*Hippeutis*) 수정또아리물달팽이 *H. cantori*

1\. 패각 각경은 6mm 이하이며, 체층 가장자리에 각이 없다. ···························► 2

2\. 체층 주 가장자리는 사다리꼴을 이루며, 제공은 깊고 저면에 3개의 순판이 있다. ··················► 배꼽또아리물달팽이속(*Polypylis*) 배꼽또아리물달팽이 *P. hemisphaerula*

2\. 체층은 둥글고 제공은 넓고 얕다. ·· ···························► 또아리물달팽이속(*Gyraulus*) 또아리물달팽이 *G. convexiusculus*

59. 또아리물달팽이 *Gyraulus convexiusculus* (Hutton, 1849)

또아리물달팽이과(Planorbidae)에서 가장 소형종으로 각정과 제공 양쪽이 함몰되어 있어 등과 배를 구분하기 어렵다. 나층은 3층이며 제공이 넓고 얕다. 껍질은 편평한 원반형이고 반투명한 회백색이다. 각 나층이 같은 평면상에 있어 납작하며 나층이 똬리 모양으로 감겨있고 봉합이 깊다. 체층 주연부는 각이 없이 둥글다. 논이나 논의 수로, 강가의 돌이나 수초, 호숫가의 썩은 나뭇가지나 비닐, 깡통 등에 부착하여 서식한다.

- 크　기: 각고 1mm, 각경 3mm
- 채집지: 전국에 분포

60. 수정또아리물달팽이 *Hippeutis cantori* (Benson, 1850)

또아리물달팽이과(Planorbidae) 중에서 가장 큰 종이다. 체색은 황백색이며 반투명하고 광택이 난다. 체층 주연에 예리한 각이 있고 껍질의 아래쪽은 편평하나 위쪽은 둥글고 아래쪽의 제공이 들어갔다. 나층은 약 4층이고 제공은 각경의 1/3 정도이다. 각구는 낮은 반월형이고 외순에 각이 있다. 논이나 논의 수로, 강가의 돌이나 수초, 호숫가의 썩은 나뭇가지나 비닐, 깡통 등에 붙어 서식한다.

- 크　기: 각고 2mm, 각경 10mm
- 채집지: 전국에 분포

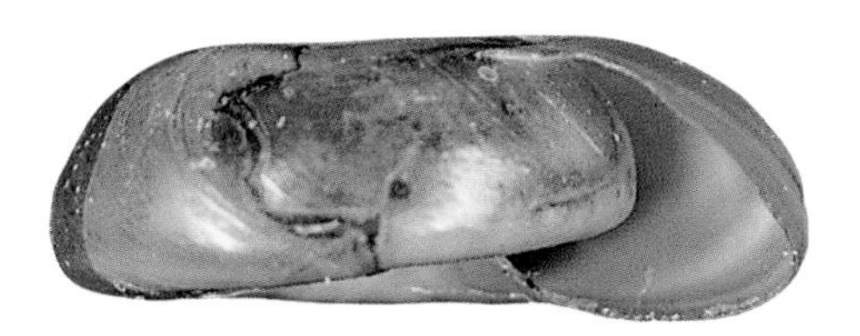

61-1

61-2

61-3

배꼽또아리물달팽이

62-1

62-2

민물삿갓조개

61. 배꼽또아리물달팽이 ***Polypylis hemisphaerula*** **(Benson, 1842)**

패각은 원반형의 소형종으로 각정 부분의 직경이 제공 부분보다 작아 측면에서 보면 체층 주연이 둥글지 않고 사다리꼴을 이루며 각이 없다. 저면에는 × 형태의 순판이 있다. 체층의 높이가 또아리물달팽이과(Planorbidae) 중에서 가장 높아 볼록한 편이며 봉합이 얕다. 각구는 삼각형이며 제공은 좁고 깊다. 논이나 논의 수로, 강가의 돌이나 수초, 호숫가의 썩은 나뭇가지나 비닐, 깡통 등에 붙어 서식한다.

- 크　기: 각고 3mm, 각경 5.5mm
- 채집지: 전국에 분포

민물삿갓조개아과 Subfamily Ancylinae

담수산 복족류에서 유일한 삿갓형 패류로 크기는 미소종이다. 정주성 패류로 호수나 강 또는 하천의 돌이나 수초 등에 부착하여 서식한다. 세계적으로 11개의 속으로 구성되며 국내에는 민물삿갓조개속(*Laevapex*)의 민물삿갓조개 *L. nipponica* (Kuroda, 1947) 1종이 서식하고 있다.

62. 민물삿갓조개 ***Laevapex nipponica*** **(Kuroda, 1947)**

패각은 담수패 중에서 가장 작은 미소형으로 삿갓형이다. 껍질은 반투명한 회백색이고 광택이 있다. 각정은 낮고 후방 오른쪽으로 치우쳐 있으며 앞쪽이 뒤쪽보다 길고 둥글다. 미세한 성장맥이 나타나며 각구는 타원형으로 크다. 강이나 호수의 수초나 버려진 비닐, 깡통, 돌 등에 붙어 서식한다.

- 크　기: 각고 1.5mm, 각장 2.5mm, 각경 1.5mm
- 채집지: 강원(의암호, 고성 위천)

고랑딱개비과 Family Siphonariidae

크기는 소형에서 중형으로 해양 또는 기수 지역에 서식하는 공기호흡을 하는 유폐류이다. 국내 종들은 해안 조간대 상부의 암반 지역에 서식한다. 형태는 삿갓 모양이고 불규칙한 방사륵이 강하게 나타난다. 각구 내면은 갈색, 적갈색, 보라색을 띤 갈색이며 방사상 백색 띠가 나타난다. 뚜껑은 없다. 허파로 호흡하기 때문에 간조 시에 활발히 활동한다. 국내 고랑딱개비속(*Siphonaria*)에 6종이 서식한다.

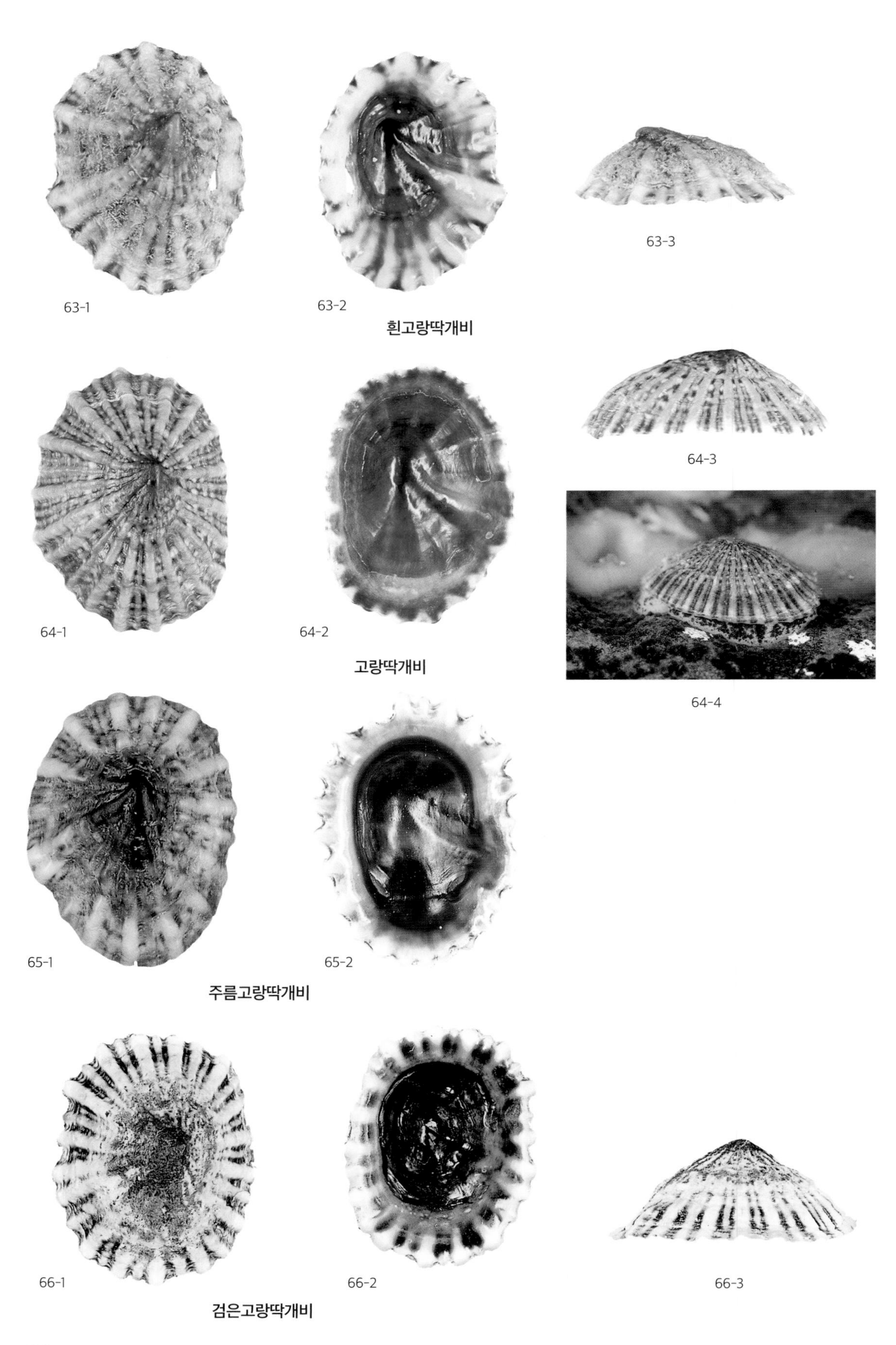

63-1 63-2 63-3
흰고랑딱개비

64-1 64-2 64-3 64-4
고랑딱개비

65-1 65-2
주름고랑딱개비

66-1 66-2 66-3
검은고랑딱개비

63. 흰고랑딱개비 *Siphonaria acmaeoides* Pilsbry, 1894

패각의 각정은 다소 낮다. 껍질은 회백색이고 각피는 연한 갈색이다. 각정부터 가는 방사륵이 뻗어 있고 성장맥이 다소 강하게 발달하여 거친 모습이다. 각구는 긴 난형이고 패각 안쪽의 근흔은 적갈색이다. 순연은 회백색으로 광택이 있고 탁한 진주광택이 난다. 고랑딱개비(*S. japonica*)와 비슷하나 본 종은 나륵이 뚜렷하지 않고 각정부도 뾰족하지 않다. 또 각구 내면의 중앙은 적갈색이고 바깥 둘레는 백색인 점도 다르다. 만조선 위의 바위에 붙어 서식한다.

- 크　기: 각고 4mm, 각경 10mm, 각장 13mm
- 채집지: 경남(막개도), 제주(성산, 화순, 사계리)

64. 고랑딱개비 *Siphonaria japonica* (Donovan, 1824)

패각은 각정이 다소 높다. 껍질은 갈색과 황백색이 혼합되어 있고 각정은 뒤쪽으로 기울며 휘어져 있다. 각정부터 방사륵이 뻗어 있다. 방사륵은 회백색, 늑간은 갈색이다. 불규칙한 성장맥이 촘촘하게 나타난다. 각구는 난형이고 순연은 완만한 물결 모양을 이룬다. 각구 내면의 근흔은 광택이 있는 적갈색이고 주연 근방은 황갈색, 주연은 백색의 크고 작은 반점이 나타난다. 조간대의 만조선보다 높은 부위의 바위에 붙어서 산다.

- 크　기: 각고 7mm, 각경 20mm, 각장 20mm
- 채집지: 강원(강릉 연곡면, 동해 대진동), 충남(태안 연포), 경남(남해 송정리[송남리], 막개도), 경북(울진 진복리), 제주(성산, 화순, 사계리, 문섬)

65. 주름고랑딱개비 *Siphonaria javanica* (Lamarck, 1819)

패각은 회갈색이고 각정은 뒤쪽으로 약간 치우쳐 있다. 각정에서 주연까지 굵고 가는 방사륵이 뻗어 있고 성장맥과 교차하여 거친 모습을 보인다. 각구는 등 면 왼쪽이 둥글고 오른쪽은 다소 곧은 편의 난형이다. 각구 내면의 근흔은 흑갈색이며 외순 쪽을 향하여 적갈색, 갈색 그리고 외순연은 백색을 띤다. 꽃고랑딱개비(*S. sirius*)와 유사하나 본 종이 크고 작은 방사륵 수가 많고 각정부가 예리하고 각고가 높으며 내면에 방사상 홈이 있는 점에서 구별된다.

- 크　기: 각고 9mm, 각경 18mm, 각장 20mm
- 채집지: 제주(성산)

66. 검은고랑딱개비 *Siphonaria laciniosa* (Linnaeus, 1758)

주름고랑딱개비(*S. javanica*)와 아주 흡사하만 본 종은 굵은 방사륵이 20개 내외이고 방사륵 사이에 뚜렷한 간륵이 나타나는 차이가 있다. 패각은 두껍고 각고는 낮은 편이다. 내면에 2줄의 수관구가 있는데 검은색 광택이 난다. 각구 주연은 백색으로 톱니상을 이루고 광택이 난다.

- 크　기: 각고 7mm, 각경 14mm, 각장 18mm
- 채집지: 경남(막개도, 거제 대포), 울산(당사동), 제주(화순, 문섬)

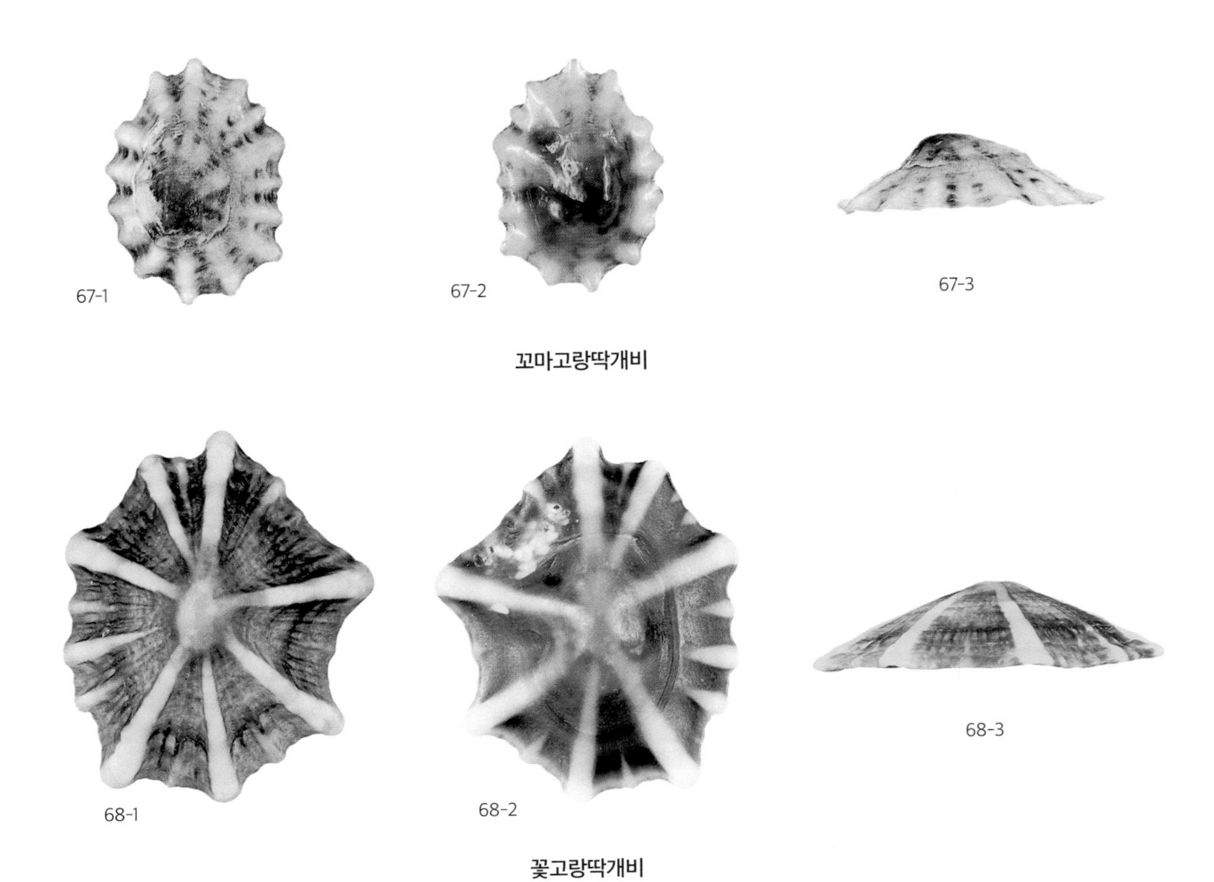

67-1 67-2 67-3

꼬마고랑딱개비

68-1 68-2 68-3

꽃고랑딱개비

68-4

67. 꼬마고랑딱개비 *Siphonaria rucuana* Pilsbry, 1904

패각은 회갈색이고 각피는 갈색이다. 각정은 뒤쪽으로 약간 치우쳐 있다. 각정에서 주연까지 굵은 방사륵이 뻗어 있고 가는 성장맥이 그 위를 지나고 있다. 각구는 난형이며 순연은 방사륵 때문에 물결 모양을 이룬다. 각구 내면은 투명한 갈색이며 백색 반점이 내면 바깥을 따라 나타난다. 고랑딱개비(*S. japonica*)와 유사하나 본 종은 껍질이 얇고 작으며 내면 중앙의 색이 황갈색이고 둘레는 회백색이다. 또한 나륵은 뚜렷하나 윤맥은 희미한 점도 다르다. 조간대 만조선 지역의 바위나 돌에 붙어서 산다.

- 크　기: 각고 3.5mm, 각경 6.5mm, 각장 8mm
- 채집지: 인천(백령도), 경남(거제 대포), 제주(북촌리, 화순, 성산, 신양, 사계리)

68. 꽃고랑딱개비 *Siphonaria sirius* Pilsbry, 1894

패각의 각정은 다소 높다. 껍질은 회갈색이며 방사륵은 백색이다. 굵고 넓은 방사륵이 10개 내외 나타난다. 각구는 타원형이고 방사륵이 순연 끝보다 돌출되어 있다. 각구 내면은 광택이 있는 암갈색이며 방사륵 부위는 백색이다. 만조선 위의 암반에 서식하는데 패각 표면에는 여러 가지 이물질이나 해조류가 붙어 있기도 하다.

- 크　기: 각고 10mm, 각경 25mm, 각장 30mm
- 채집지: 경남(남해 송정리[송남리]), 전남(여수 임포, 거문도), 제주(성산, 사계리)

대추귀고둥과　Family Ellobiidae

패각의 크기는 중소형으로 형태는 난-원추형이다. 패각은 매끈하며, 체층이 크고 둥글며 대부분 내·축순에 이 모양의 돌기가 있다. 만조선 윗부분 잔돌 틈에 주로 살며 바닷물의 영향을 간접으로 받는다. 외투막이 변한 허파로 호흡한다. 대추귀고둥과는 세계적으로 약 250종이 기록되어 있다. 국내 대추귀고둥과는 대추귀고둥아과(Ellobiinae), 귀고둥아과(Melampinae), 좁쌀귀고둥아과(Pedipedinae), 도토리귀고둥아과(Pythiinae) 등 4개의 아과로 구분된다.

대추귀고둥아과　Subfamily Ellobiinae

대추귀고둥아과는 세계적으로 *Auriculinella*, *Baluneria*, *Ellobium*, *Stolidomopsis* 4개 속이 알려져 있다. 국내에는 현재까지 *Ellobium* 속에 1종(*E. chinense*)이 출현하고 있다. 크기는 중소형이고 주로 해안의 염습지에 서식하며 공기호흡을 한다.

69-1

69-2

대추귀고둥

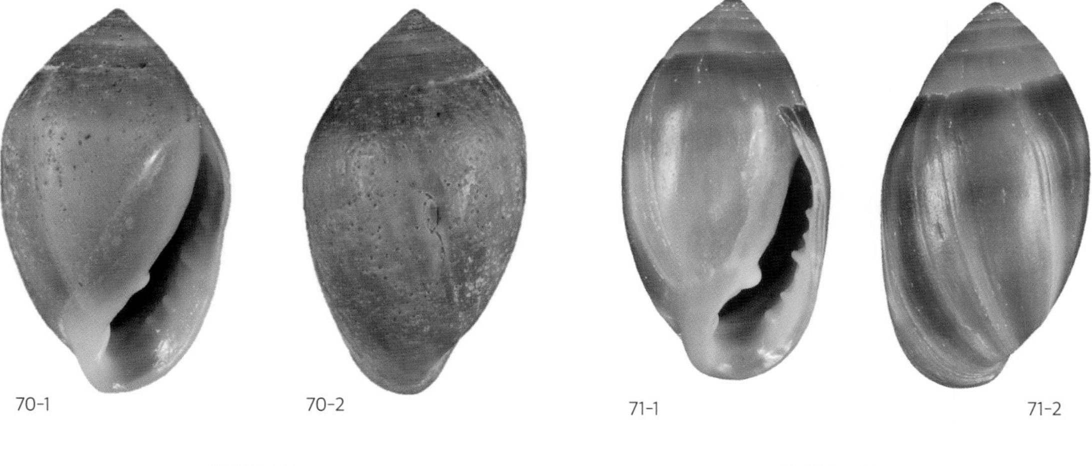

70-1 70-2

얇은귀고둥

71-1 71-2

밤색귀고둥

69. 대추귀고둥 *Ellobium chinense* (Pfeiffer, 1954)

각피는 황색이며 오래된 개체는 흑갈색을 띤다. 각정에서 체층 주연까지 성장맥과 나맥이 교차하여 고운 포목상을 이루고 주연 아래에서 각저까지는 나맥이 없고 성장맥만 나타난다. 각정은 둥글고 봉합은 얕다. 체층은 커서 각고의 대부분을 차지한다. 각구는 긴 난형으로 외순 아래와 저순이 두껍고 축순에는 강한 주름이 3개 나타난다. 만조선 부근의 담수 유입이 있는 갯벌에 서식한다. 환경부 멸종위기 야생생물(2급)로 지정되어 있다.

- 크　기: 각고 27mm, 각경 14mm
- 채집지: 전남(영광 칠곡리, 강진 백금포)

귀고둥아과　Subfamily Melampinae

세계적으로 귀고둥아과는 *Detracia, Melampus, Tralia* 3개 속이 알려져 있다. 국내에는 *Melampus*속에 4종이 기록되어 있다. 크기는 중소형이고 주로 해안의 염습지에 서식하며 공기호흡을 한다. 형태가 비슷하고 종마다 색체 변이가 있어 식별이 어렵다.

70. 얇은귀고둥 *Melampus flavus* (Gmelin, 1791)

패각은 연한 적갈색으로 평활하고 연한 광택이 있다. 나탑은 낮고 작으며 체층이 매우 크다. 봉합은 깊지 않으나 각 나층의 구분은 뚜렷하다. 각구는 좁고 길며, 외순 내측에 5-6개, 축순 아래에 2개의 이빨 모양의 주름이 나타나며, 투명하고 얇은 활층이 퍼져 있다.

- 크　기: 각고 16mm, 각경 8.6mm
- 채집지: 제주(비양도, 종달리)

71. 밤색귀고둥 *Melampus nuxcastaneus* Kuroda, 1949

패각은 자갈색으로 평활하고 광택이 있다. 나탑은 낮고 작으며 각구는 좁고 외순 내측에 6-7개의 활층으로 된 치상돌기가 있다. 내순 하부에 역시 활층으로 된 2개의 치상돌기가 있고 축순에도 1개 있다. 개체에 따라 황백색 띠가 있는 것도 있다. 조간대 암반지대 자갈 사이에 서식한다.

- 크　기: 각고 14mm, 각경 8mm
- 채집지: 제주(신양, 섭지코지, 화순)

72-1

낮은탑대추귀고둥

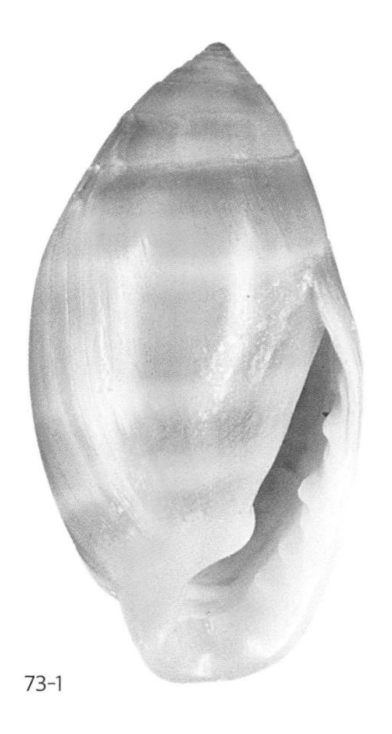

73-1

뾰족탑대추귀고둥

74-1

좁쌀대추귀고둥

72. 낮은탑대추귀고둥 *Melampus sincaporensis* Pfeiffer, 1855

패각은 난형의 자갈색으로 나탑은 낮아서 둥근 모양이다. 노란 띠가 있는 개체도 많다(표본은 황색 띠가 뚜렷한 개체만 채집되었음). 각표는 거의 평활한데 봉합 밑에 매우 미세한 나구가 있다. 이 나구가 체층 주연까지 내려오는 것도 있다. 각구는 좁고 외순 안쪽에 백색 활층으로 이뤄진 주름이 불규칙하게 있고 내순 안쪽에도 여러 개의 치상돌기가 있는데 특히 하부의 1개가 크다. 축순에도 큰 주름이 1개 있다. 하구 또는 바다로 흘러들어가는 하천 주변의 갈대밭에 서식한다.

- 크　기: 각고 9.5mm, 각경 5.5mm
- 채집지: 충남(태안 삼봉), 전북(고창 동호리), 전남(장흥 수문리·사촌리)

73. 뾰족탑대추귀고둥 *Melampus taeniolus* Hombron & Jacquinot, 1854

패각은 방추형으로 다른 종에 비하여 나탑이 높은 편이다. 체층에 3줄 정도의 황색대가 있고 각구는 좁으며 외순 내측에 활층이 발달했다. 활층으로 이뤄진 주름이 불규칙하게 다수 있다. 내순에도 1-2개의 주름이 있고 축순에도 1개의 주름이 있다.

- 크　기: 각고 15mm, 각경 7.5mm
- 채집지: 제주(신양, 섭지코지)

좁쌀귀고둥아과　Subfamily Pedipedinae

좁쌀귀고둥아과(Pedipedinae)는 세계적으로 *Creedonia*, *Leuconopsis*, *Marinula*, *Microtralia*, *Pedipes*, *Pseudomelampus* 6개 속이 알려져 있다. 국내에는 현재까지 *Microtralia* 속에 1종(*M. acteocinoides*)이 제주도에서 출현하고 있다. 크기는 소형이고 주로 해안의 염습지에 서식하며 공기호흡을 한다.

74. 좁쌀대추귀고둥 *Microtralia acteocinoides* Kuroda & Habe, 1961

패각은 방추형으로 반투명한 백색을 띠며 얇다. 표면은 매끈하고 광택이 있다. 나탑은 낮고, 체층이 매우 크다. 봉합은 비교적 깊고 뚜렷하다. 각구는 좁고 길며 외순은 얇다. 내순에 2개, 축순에 1개, 모두 3개의 치상돌기가 있는데 내순의 치상돌기는 1개는 희미하다. 조간대 상부의 자갈 사이에 서식한다.

- 크　기: 각고 4mm, 각경 2mm
- 채집지: 제주(성산, 화순)

75-1

도토리귀고둥

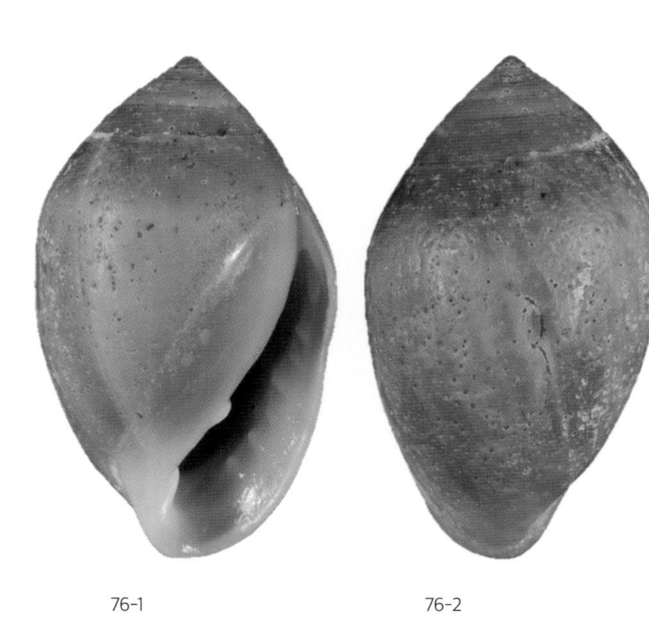

76-1 76-2

노란이빨귀고둥

77-1

옆줄얇은입술작은귀고둥

도토리귀고둥아과 Subfamily Pythiinae

도토리귀고둥아과(Pythiinae)는 세계적으로 *Allochroa, Auriculastra, Cassidula, Laemodonta, Myosotella, Ophicardelus, Ovatella, Pleuroloba, Pythia* 9속이 알려져 있다. 국내에는 현재까지 *Allochroa, Auriculastra, Laemodonta* 속에 6종이 출현하고 있다. 크기는 소형이고 주로 해안의 염습지에 서식한다. 나륵과 나구가 발달한 것이 특징이다.

75. 도토리귀고둥 *Allochroa layardi* (H. & A. Adams, 1855)

패각은 두껍고 체색은 밤갈색으로 작은 도토리 모양이다. 나탑은 뾰족하고 나층은 약 6층이다. 생패는 각표에 미세한 털이 있다. 가는 나구도 있다. 각구 외순은 두껍지 않다. 외순 안쪽으로 1개, 내순에 2개 축순에 약하게 1개의 치상돌기가 있다. 봉합의 밑과 체층 주연 밑에 황백색 띠가 있다. 제공은 없다. 해안의 바위 또는 바위에 붙은 굴 껍질 사이에 서식한다.

- 크 기: 각고 6.5mm, 각경 3.5mm
- 채집지: 제주(섭지코지, 화순)

76. 노란이빨귀고둥 *Auriculastra duplicata* (Pfeiffer, 1854)

패각은 난형이며 고동색으로 표면에 광택이 난다. 성체의 각정부는 부식되어 둥글고 백색을 띤다. 봉합은 깊지 않다. 체층 주연은 둥글고 여러 줄의 성장맥이 촘촘하다. 각구는 초승달 모양으로 위가 좁고 아래가 넓다. 외순은 비교적 얇으며 치상 구조물은 나타나지 않는다. 축순에 뚜렷한 치상 주름이 1줄 있고 그 아래에 연속으로 2줄이 나타난다.

- 크 기: 각고 10.4mm, 각경 6.2mm
- 채집지: 인천(망월리), 전남(무안 오류리)

77. 옆줄얇은입술작은귀고둥 *Laemodonta exaratoides* Kawabe, 1992

패각은 고동색이다. 각표에는 옆줄두툼입술작은귀고둥(*L. monilifera*)보다 가는 나구가 있다. 각구 외순에는 활층으로 생긴 낮은 주름이 1개 있고 내순에 2개, 축순에 1개의 약한 치상돌기가 있다. 제공은 없고 옆줄두툼입술작은귀고둥에 비하여 외순은 얇고 외형은 비슷하다. 조간대 위에 서식한다.

- 크 기: 각고 7.5mm, 각경 4mm
- 채집지: 제주(섭지코지, 화순, 신양)

78-1

옆줄두툼입술작은귀고둥

79-1

가는옆줄작은귀고둥

80-1

80-2

거친옆줄작은귀고둥

78. 염줄두툼입술작은귀고둥 *Laemodonta monilifera* **(H. & A. Adams, 1854)**

패각은 황갈색이며 뚜렷한 나구가 빽빽하게 나타난다. 각구 외순은 두껍고 안쪽으로 2개의 둔하고 큰 치상돌기가 있다. 내순에도 2개 있고 축순에도 크게 1개가 있다. 내순 밖으로 활층이 발달한다. 각구는 이 치상돌기들 때문에 많이 좁아 보인다. 조간대 상부의 자갈 사이에 서식한다.

- 크 기: 각고 7mm, 각경 4mm
- 채집지: 제주(화순)

79. 가는염줄작은귀고둥 *Laemodonta octanfracta* **(Jonas, 1845)**

패각은 난원형이며 약간 두껍다. 황갈색을 띠며 규칙적이고 약간 거친 나륵이 있다. 각구는 긴 난형이고 외순은 넓어지지 않는다. 각구 내 치상돌기는 염줄두툼입술작은귀고둥(*L. monilifera*)과 같다. 조간대 상부의 바위나 돌 틈에 서식한다.

- 크 기: 각고 5mm, 각경 3mm
- 채집지: 제주(섭지코지)

80. 거친염줄작은귀고둥 *Laemodonta siamensis* **(Morelete, 1875)**

패각은 난형으로 적갈색을 띤다. 각정은 솟고 매우 뾰족하다. 패각 표면에는 촘촘한 나구가 있으며 각피가 군데군데 벗겨져 모양이 거칠다. 봉합은 매우 낮고 연속된 나구로 각 나층의 구분이 뚜렷하지 않다. 각구는 난형으로 외순은 두껍고 1개의 강한 치상돌기가 있다. 내순과 축순에도 발달된 치상돌기와 주름이 나타난다. 활층은 두껍고 넓게 발달한다.

- 크 기: 각고 7.8mm, 각경 4.6mm
- 채집지: 전남(무안 오류리)

양귀비고둥과 Family Carychiidae

국내 육산패 중에서 가장 소형으로 각고가 1.5-2.0mm 내외이다. 나층은 5-6층으로 각정이 뾰족한 난-원추형이다. 각구는 난형이며 내순, 외순, 축순에 이가 있고 패각 표면에 미세한 성장맥이 있다. 전 세계에 분포하며 국내에도 제주도를 포함한 전역에서 출현한다. 양귀비고둥속(*Carychium*) 2종과 최근에 신설된 한국 특산속인 동굴고둥속(*Koreozospeum* Jochum & Prozorova, 2015) 1종이 기록되어 있다.

81-1

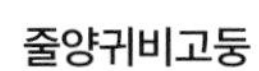

줄양귀비고둥

81-2

82-1

양귀비고둥

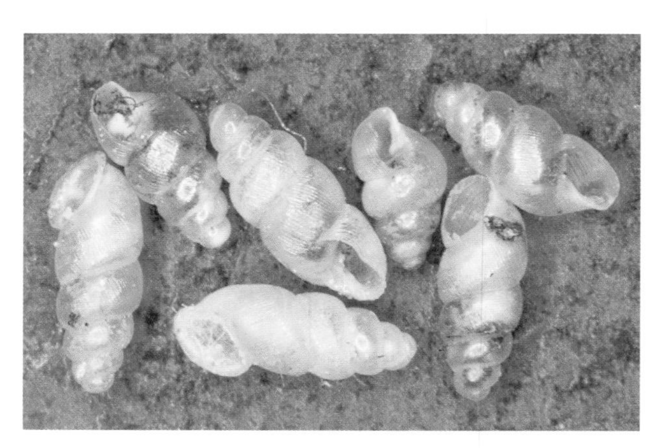

82-2

83-1

노동굴고둥

81. 줄양귀비고둥 *Carychium noduliferum* Reinhardt, 1877

패각 나층은 6층이고 나탑이 높다. 패각은 불투명한 회백색 또는 연한 갈색이다. 각구는 넓고 두꺼워져서 한 층의 주름이 있고 뒤로 젖혀진다. 좁은 활층이 체층 부위에 있고 내순 아래에 양귀비고둥보다 발달된 치상돌기가 1개 있고 축순 안쪽에도 작은 돌기가 있으며 외순 부위에는 흔적으로 나타난다. 봉합이 뚜렷하고 비스듬한 성장맥이 약하게 나타난다.

- 크　기: 각고 2mm, 각경 1.3mm
- 채집지: 제주(애월)

82. 양귀비고둥 *Carychium pessimum* Pilsbry, 1902

패각 나층은 5층이며 체색은 백색으로 반투명하며 광택이 있다. 봉합은 뚜렷하고 각 나층은 둥글게 부풀어 있다. 봉합을 따라 백색의 띠가 나타난다. 체층은 각고의 1/2 정도이며 미세한 성장맥이 뚜렷하게 나타난다. 각구는 긴 난형이며 끝은 약간 두꺼워지고 뒤로 젖혀진다. 외순 중앙이 약간 함몰되어 있으며 발달한 치상돌기가 내순 하부, 축순 내부, 외순 중앙에 각각 1개씩 모두 3개가 있다. 국내 육산패류 중에서 가장 작은 종이다.

- 크　기: 각고 1.5mm, 각경 0.8mm
- 채집지: 강원(가리왕산, 봉의산), 제주(애월)

83. 노동굴고둥 *Koreozospeum nodongense* Lee, Prozorova & Jochum, 2015

석회동굴 내에 서식하는 진동굴성 미소종이다. 패각은 백색이며 약한 광택이 있다. 나층은 7층으로 나탑이 높다. 봉합은 비교적 깊어 각 나층의 구별이 뚜렷하다. 체층은 매우 크고 주연은 둥글게 부풀어 있다. 매우 약한 비스듬한 종륵이 있고 나륵의 흔적도 관찰된다. 각구는 크고 아래로 긴 타원형이며 각축에 대해 오른쪽으로 약간 비껴 있다. 각구 주연은 두껍고 외순과 저순은 약하게 젖혀진다. 내순과 축순 사이에 저순과 평행하는 강벽이 각구 내로 향하여 있다. 제공은 좁고 얕다. 한국 특산속 및 특산종이다.

- 크　기: 각고 2.1mm, 각경 1.3mm
- 채집지: 충북(노동동굴)

갯민달팽이과　Family Onchidiidae

갯민달팽이과(Onchidiidae)는 공기호흡을 하는 바다 또는 육상 민달팽이류이다. 유생 시기에는 패각과 뚜껑이 있으나 성체가 되면 없어진다. 해양 조간대의 암반 위에 서식한다. 세계적으로 140여 종이 알려져 있고 현재까지 국내에는 두꺼비갯민달팽이속(*Onchidium*) 1종이 기록되어 있다.

두꺼비갯민달팽이

참쨈물우렁이

뾰족쨈물우렁이

84. 두꺼비갯민달팽이 *Onchidium hongkongensis* Britton, 1984

형태는 둥근 난형으로 등 면은 갈색 또는 회색이고 발은 검은 갈색을 띤다. 등 표면에는 수많은 혹 위에 돌기가 나 있다. 1쌍의 촉각은 길고 검은색을 띠며, 입술 주변은 진한 회색을 띤다. 내만 조간대의 모래 진흙 바닥에 서식한다.

- 크　기: 체장 46mm, 체폭 31mm
- 채집지: 전남(무안 청계면)

뾰족쨈물우렁이과 Family Succineidae

패각의 형태는 긴 난형의 중소형으로 호박색을 띤다. 물달팽이과(Lymnaeidae)를 닮았으나 물달팽이과는 눈이 촉각의 아래에 붙어 있고 뾰족쨈물우렁이과는 촉각 끝에 붙어 있다. 중국, 일본, 유럽, 북아메리카, 북아프리카 등 세계적으로 분포한다. 국내에는 쨈물우렁이속(*Neosuccinea*)과 뾰족쨈물우렁이속(*Oxyloma*)에 각각 1종이 기록되어 있다. 갈색뾰족쨈물우렁이(*Oxyloma lauta*)가 국내 종으로 기록되어 있으나 아직 확인되지 않고 있다. 본 과의 종들은 물가나 물가의 수초 주변에 서식한다.

85. 참쨈물우렁이 *Neosuccinea horticola koreana* (Pilsbry, 1926)

나층은 3층이며 껍질이 매우 얇다. 패각은 황갈색이고 광택이 있다. 성장맥이 약하게 나타나고 봉합은 깊으나 각 체층 간의 폭이 넓어 체층이 둥글지 않다. 체층이 매우 커서 각고의 4/5 이상을 차지하고 각구는 긴 난형이며 매우 커서 각고의 2/3를 차지하며 활층이 있다. 살아 있는 개체의 외투막에는 검은 색소가 많이 퍼져 있다. 물가의 수초에 붙어 서식한다. 한국이 모식 산지이다.

- 크　기: 각고 13mm, 각경 6mm
- 채집지: 서울, 경기(청평), 경북(안동, 울릉도)

86. 뾰족쨈물우렁이 *Oxyloma hirasei* (Pilsbry,1901)

껍질은 황갈색이며 반투명하며 광택이 난다. 나층은 3층이고 성장맥이 약하게 나타난다. 체층은 커서 각고의 거의 전부를 차지하고 차체층과 각정부는 작다. 껍질은 얇아서 잘 부스러진다. 각구는 커서 각고의 3/4 이상을 차지하고 긴 타원형으로 좁고 길며 안으로 약간 감긴다. 활층이 있다. 물가의 진흙이 많은 곳 또는 수초가 많은 곳에 서식한다.

- 크　기: 각고 13mm, 각경 7mm
- 채집지: 강원(춘천, 연화산, 양구, 경포호, 삼척 대이리), 제주(종달리)

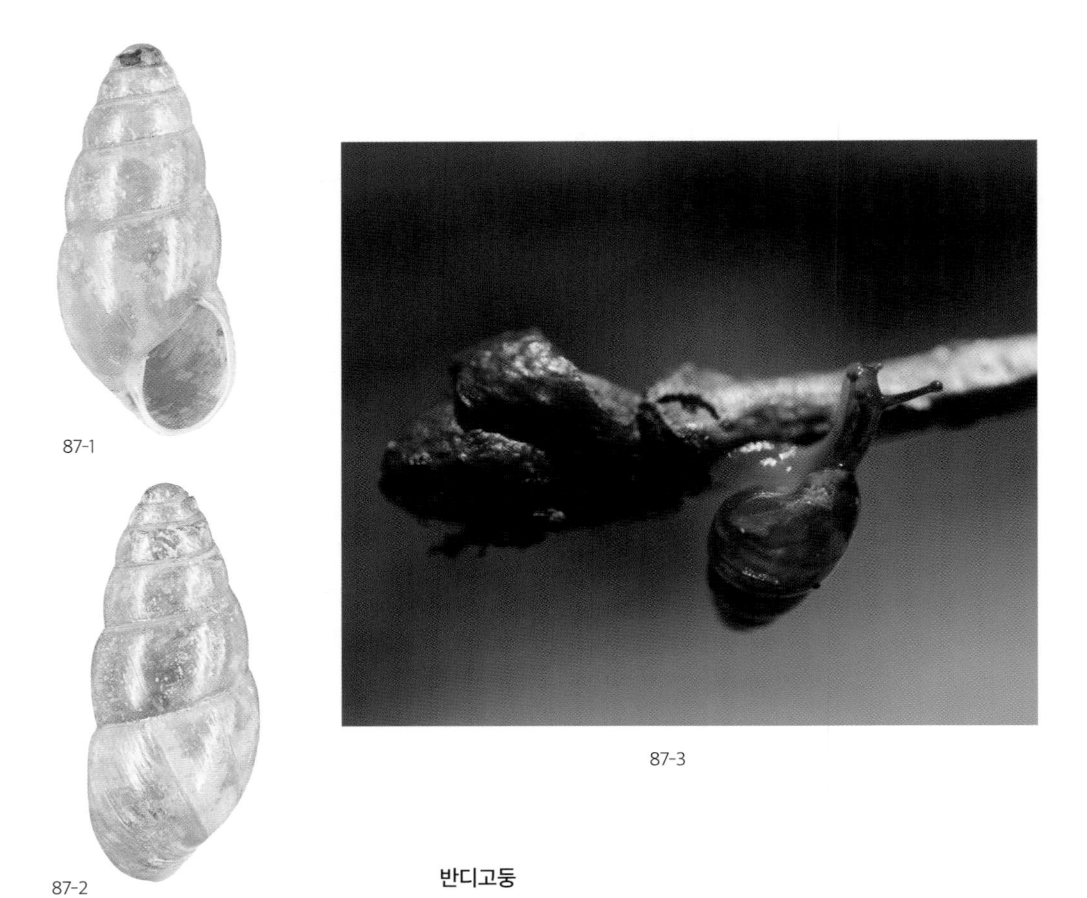

87-1

87-2

87-3

반디고둥

88-1

88-2

번데기고둥

반디고둥과 Family Cochlicopidae

패각의 크기는 소형이고, 형태는 나탑이 높은 원추형이다. 껍질은 황갈색으로 광택이 있다. 북유럽과 북아메리카가 원산지인 한대성 종으로 유럽, 북아메리카, 아시아, 북아메리카 등지에 분포한다. 국내에는 1속 1종이 알려져 있으며 일본에도 같은 종이 분포한다. 국내에는 중·북부 지역과 울릉도에서 출현하는 북방계 육산 패류이다.

87. 반디고둥 *Cochlicopa lubrica* (Müller, 1774)

나층은 5층이며 황갈색으로 광택이 있다. 봉합이 깊어 각 나층이 뚜렷하고 각정은 둥글다. 체층이 각고의 1/2에 이른다. 각구는 좁은 난형으로 끝이 약간 두꺼워지나 뒤로 젖혀지지는 않는다. 축순이 수직으로 발달하고 내순에 약한 활층이 나타난다. 제공은 닫혀 있다. 울릉도를 포함한 중·북부 지방에 분포한다.

- 크 기: 각고 7.5mm, 각경 3mm
- 채집지: 강원(춘천 신북읍, 평창), 경북(울릉도)

번데기고둥과 Family Pupillidae

패각의 크기는 소형이고 형태는 원통형이다. 쿠바, 북아메리카, 중국, 유럽 등 세계적으로 분포하며 국내에는 1속 1종이 서식한다. 나층은 6층이나 체층의 높이가 각고의 대부분을 차지한다. 이빨번데기고둥과(Vertiginidae)와 유사하다. 하지만 이빨번데기고둥과의 종은 각구에 치상돌기가 없고 본 과의 종은 각구 안에 치상돌기가 있다. 육산종이다.

88. 번데기고둥 *Pupilla cryptodon* (Heude, 1880)

패각은 갈색이며 나층은 6층으로 체층을 포함하는 4개의 나층이 각고의 거의 전부를 차지한다. 4번째 나층 이후의 폭은 균일하게 감소한다. 봉합이 깊어 각 나층이 뚜렷하다. 각구는 반월형이고 순연은 외순의 일부를 제외하고는 아주 두꺼워지고 약간 뒤로 젖혀진다. 각구 내면에 작은 치상돌기가 모두 5개 있는데 외순 아래 안쪽으로 2개, 내순 위와 아래에 각각 1개, 축순에 큰 것이 1개 있다. 개체에 따라 이의 크기나 수에 차이가 있다.

- 크 기: 각고 3mm, 각경 1.5mm
- 채집지: 충북(단양), 경북(울진, 울릉도), 경기(청평)

89-1 89-2 89-3

쇠평지달팽이

90-1 90-2 90-3

참입고랑고둥

89-4 90-4

쇠평지달팽이과 Family Pleurodiscidae

패각의 크기는 소형이고 형태는 낮은 원추형이다. 일본, 서유럽 등지에도 분포하며 국내에는 1속 2종이 기록되어 있다. 울릉도에서 발견된 울릉도평지달팽이아재비(*Pyramidula kobayashi* Kuroda & Hukuda, 1944)는 아직 확인이 안 되고 있다. 육산종이다.

89. 쇠평지달팽이 *Pyramidula micra* Pilsbry, 1926

나층은 4층이고 나탑이 낮다. 체색은 흑갈색 또는 갈색이다. 봉합이 깊어 나층이 뚜렷하고 둥글다. 각 나층을 따라 거친 성장맥이 나타나며 체층 주연에는 둔한 각이 있고 각저는 약간 둥글다. 제공은 크고 깊어 각정 층이 보인다. 각구는 원형으로 둥글며 두꺼워지지 않으나 축순은 약간 젖혀진다. 부식 중인 낙엽 밑의 돌에 붙어서 산다. 한국 특산종으로 울산이 모식 산지이다.

- 크　기: 각고 1mm, 각경 2mm
- 채집지: 강원(노추산), 전남(흑산도, 여수), 울산, 경남(통영[충무])

입고랑고둥과 Family Strobilopsidae

패각 크기는 소형으로 형태는 나탑이 낮은 둥근 원추형이다. 각구의 내순 부위에 2개의 순판이 있다. 북아메리카, 일본, 중국에 분포한다. 현재까지 1속 2종의 국내 서식이 확인되고 있으며, 흰입고랑고둥(*Strobilops coreana echo* Kuroda & Miyanaga, 1939)과 금강입고랑고둥(*S. kongoensis* Kuroda & Miyanaga, 1939)의 기록은 있으나 확인이 안 되고 있다. 육산종이다.

90. 참입고랑고둥 *Strobilops coreana* (Pilsbry, 1926)

나층이 5층이며 나탑이 낮고 패각은 연한 갈색이다. 제공은 입고랑고둥(*S. hirasei*)보다 덜 깊으며 촘촘한 성장맥이 돌출되어 있다. 각구 끝은 더욱 두껍고 폭이 넓으며 좁다. 각구 안에 2층의 순판이 있는데 색은 희고 체층 쪽의 것이 더욱 크다. 체층 주연각이 입고랑고둥(*S. hirasei*)보다 날카롭고 각저면 경사가 완만하다. 한국 특산종이다.

- 크　기: 각고 1.3mm, 각경 3mm
- 채집지: 강원(신철원), 충북(단양)

91-1

91-2 91-3

91-4

입고랑고둥

92-1

92-2 92-3

92-4

실주름달팽이

93-1

가시주름달팽이

91. 입고랑고둥 ***Strobilops hirasei*** **(Pilsbry, 1908)**

나층은 5층이지만, 나탑이 낮아 낮은 원추형이다. 체층 주연에 각이 약간 있고 활층이 있다. 제공은 좁으며 깊다. 각구는 초승달 모양이고 끝이 두꺼워지며 젖혀진다. 각구 안쪽에 2층의 고랑 모양의 순판이 있는데 제공 쪽의 순판이 작으며 강벽이 체층의 1/2 정도까지 뻗어 있다. 체층 저면은 편평하여 둥글지 않고 경사를 이룬다. 한국 특산종으로 제주도가 모식 산지이다.

- 크　기: 각고 1.5mm, 각경 3mm
- 채집지: 제주(김녕굴)

실주름달팽이과 Family Valloniidae

패각의 크기는 직경 10mm 정도로 소형이며 형태는 낮거나 높은 원추형이다. 껍질은 회백색 또는 갈색을 띠며 각 나층에 조밀한 종맥이 있다. 일본, 북아메리카, 유럽, 북아시아 등지에 분포하며 국내에는 2속 2종이 분포하고 있다. *Zoogenetes*속의 종은 캐나다, 러시아, 일본, 알래스카 등지에 분포하는 한대성 종으로 체층이 매우 크고 둥글며 체층과 차체층에 비스듬한 성장맥이 많이 나 있다. 육산종이다.

92. 실주름달팽이 ***Vallonia costata*** **(Müller, 1774)**

나층은 3.5층으로 편평하다. 껍질은 반투명하고 백색을 띤다. 껍질은 얇고 잘 부스러지며 각정부를 제외하고 규칙적이고 예리한 종맥이 있다. 봉합이 깊어 나층이 뚜렷하며 제공은 넓고 깊어 각경의 1/3 정도이고 제공을 통해 각정 층이 보인다. 각구는 크고 끝은 넓게 펴져 뒤로 젖혀진다. 전국적으로 분포한다.

- 크　기: 각고 1mm, 각경 2mm
- 채집지: 경북(소백산), 경기(안양, 청평), 강원(삼척, 강릉, 신철원), 충북(청주), 경북(포항), 제주

93. 가시주름달팽이 ***Zoogenetes harpa*** **(Say, 1824)**

나층은 4.5층으로 나탑이 높은 편이다. 껍질은 반투명하고 짙은 갈색이며 광택이 있다. 봉합이 깊어 각 나층이 뚜렷하고 각 체층이 둥글다. 체층은 매우 크며 약한 판 모양의 종맥이 나타난다. 각구는 난형이고 그 끝은 두꺼워지지 않는다. 축순은 젖혀지며 제공을 약간 덮는다.

- 크　기: 각고 3mm, 각경 2.5mm
- 채집지: 강원(가리왕산, 철원 동송읍), 경북(울릉도)

각시모래고둥

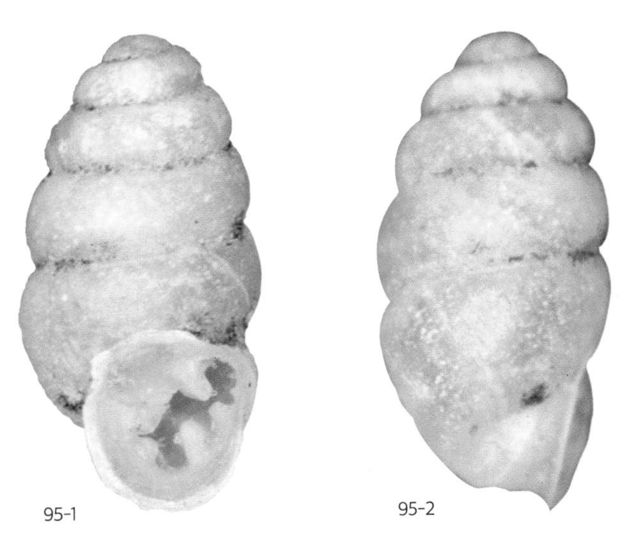

울릉도모래고둥

이빨번데기고둥과 Family Vertiginidae

패각의 크기는 소형이고 형태는 원통형이다. 동남아시아, 유럽, 북아메리카 등지에 분포한다. 대부분 각구 안에 치상돌기가 있으나 이빨번데기고둥아과(Vertigininae)의 민이빨번데기고둥속(*Columella*)의 종은 치상돌기가 없다. 국내 이빨번데기고둥과에는 모래고둥아과(Gastrocoptinae) 1속 3종, 이빨번데기고둥아과(Vertigininae) 2속 4종이 기록되어 있다. 육산종이다.

모래고둥아과 Subfamily Gastrocoptinae

패각은 소형으로 난 원추형이다. 동부아시아, 시베리아, 오스트레일리아, 하와이 등지에 분포한다. 국내에는 1속 2종이 채집되고 있다. 백색이며 이물을 둘러쓰고 있는 것도 있다. 6개 정도의 치상돌기가 각구를 채우고 있다.

94. 각시모래고둥 *Gastrocopta coreana* (Pilsbry, 1927)

나층은 5층으로 체색은 백색이며 반투명하고 광택이 있다. 봉합이 깊고 각 나층의 폭은 점진적으로 증가하며 각정은 편평하다. 각구는 삼각형에 가까운 원형이고 끝이 펴져서 뒤로 젖혀지는데 내면에는 치상돌기로 가득 차 있다. 내순의 2개는 오른쪽의 것이 크고 외순의 3개는 상단에서 하단 방향으로 점차 커진다. 축순의 2개는 위의 것이 아래 것보다 크다. 외순 밖에 융기한 돌기가 있고 2개의 강벽이 있다. 한국 특산종으로 거문도가 모식 산지이다.

- 크　기: 각고 2mm, 각경 0.8mm
- 채집지: 강원(화천), 경기(청평), 충북(단양), 전남(여수)

95. 울릉도모래고둥 *Gastrocopta jinjiroi* Kuroda & Hukuda, 1944

나층은 4.5층이며 각정 부위는 각시모래고둥(*G. coreana*)보다 뾰족하다. 생패는 껍질에 이물질이 많이 묻어 있으나 이를 제거하면 은백색의 광택이 난다. 봉합이 깊어 각 나층은 둥글게 부풀어 있다. 각구는 삼각형에 가까운 원형이고 활층이 있으며 약간 펴진다. 각구 안의 외순과 저순 사이에 3개의 작은 돌기 있고 축순에 2개, 내순에 큰 돌기가 2개 있는데 각시모래고둥에 비하여 발달하지 않고 그 끝이 무딘 느낌이다. 한국 특산종으로 울릉도가 모식 산지이다.

- 크　기: 각고 2.5mm, 각경 1mm
- 채집지: 경북(울릉도)

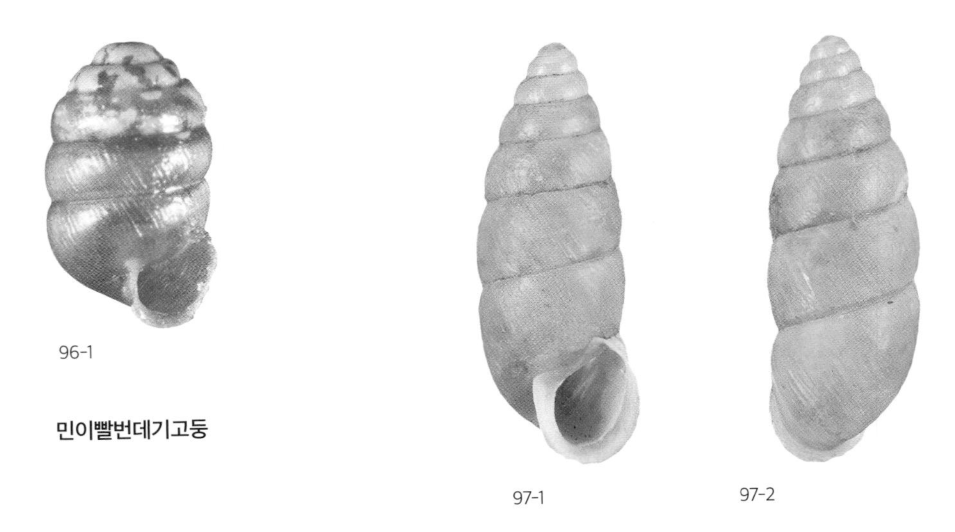
96-1

민이빨번데기고둥

97-1 97-2

입술대고둥아재비

98-1 98-2

두타산입술대고둥아재비

이빨번데기고둥아과 Subfamily Vertigininae

이빨번데기고둥아과는 모래고둥아과(Gastrocoptinae)와 형태가 유사하지만 각구 끝이 예리하고 분리된 치상돌기가 3-4개 나타나거나 없는 종이 있다. 기록에는 이빨번데기고둥속(*Vertigo*)의 울릉도이빨번데기고둥(*V. alpestris uturyotoensis* Kuroda & Hukuda, 1944), 참이빨번데기고둥(*V. coreana* Pilsbry, 1919), 일본이빨번데기고둥(*V. japonica* Pilsbry & Hirase, 1904)이 있으나 확인이 안 되고 있다.

96. 민이빨번데기고둥 *Columella edentula* (Draparnaud, 1805)

나층은 6층으로 각정이 둥글며 체색은 황갈색을 띤다. 번데기고둥(*P. cryptodon*)과 외형이 유사하나 본 종은 각구에 이가 없다. 봉합은 깊어 각 나층이 뚜렷하고 체층을 제외하고 나층의 크기가 비슷하다. 각구는 반월형으로 작고 끝이 약간 두껍다. 성장맥이 있고 작은 제공이 있다. 부식하는 낙엽에 붙어 있거나 돌무덤 사이에서 번데기고둥과 섞여 산다.

- 크 기: 각고 3.2mm, 각경 1.6mm
- 채집지: 경기(청평), 경북(울릉도)

입술대고둥아재비과 Family Enidae

패각의 크기는 중형이고 형태는 방추형으로 나층이 많고 나탑이 높다. 중국, 일본 등지에 분포한다. 국내에는 1속 3종이 서식한다. 석회암 지대에 주로 분포하는 호석회성이며 우선형이다. 육산종이다.

97. 입술대고둥아재비 *Ena coreanica* (Pilsbry & Hirase, 1908)

나층은 6-7층으로 나탑이 높다. 체층에서 각정으로 올라가면서 나층의 크기는 점점 작아지고 각정은 둥글다. 껍질은 황갈색으로 흐리며 무광택이다. 봉합이 깊어 나관이 뚜렷하고 제공이 있다. 각구는 끝이 두꺼워지고 백색으로 난형이고 약간 퍼진다. 유패 때에는 활층이 없으나 성패가 되면서 활층이 발달한다. 비스듬한 성장맥이 많이 나타나며 우권이다. 한국 특산종으로 부산이 모식 산지이다.

- 크 기: 각고 12mm, 각경 3mm
- 채집지: 경기(소요산, 화천), 강원(두타산), 충북(단양), 전남(거문도, 흑산도, 여수), 부산, 울산, 경남(거제도), 제주도

98. 두타산입술대고둥아재비 *Mirus junensis* Kwon & Lee, 1991

나층은 8-9층이며 나탑이 높다. 패각은 연한 황갈색이며 전면에 옅은 광택이 있다. 각구는 긴 난형이고 두꺼워지지 않고 넓게 퍼지나 뒤로 젖혀지지 않고 백색을 띤다. 제공은 좁고 얕으며 축순은 각축과 비껴서 제공을 덮는다. 활층이 형성되어 있으나 발달하지는 않았다. 숲 밑의 돌

99-1

99-2

오봉산입술대고둥아재비

100-1

왕달팽이

100-2

무덤에 서식한다. 한국 특산종으로 강원도 두타산이 모식 산지이며, 환경부 보호야생생물로 지정되어 있다.

• 크　기: 각고 26mm, 각경 8.5mm
• 채집지: 강원(두타산)

99. 오봉산입술대고둥아재비 *Mirus obongensis* Lee & Min , 2018

나층은 8층이고 패각은 짙은 갈색이다. 크기는 입술대고둥아재비(*E. coreanica*)보다는 크고 두타산입술대고둥아재비(*M. junensis*)보다는 작다. 각구는 긴 난형이며 축순과 외순이 퍼지지만 젖혀지거나 두꺼워지지는 않는다. 좁고 얕은 제공이 있다. 숲속 관목림 아래 돌무덤이 있는 곳에 서식한다. 강원도 춘천시 오봉산이 모식 산지이다.

• 크　기: 각고 21mm, 각경 6mm
• 채집지: 강원(오봉산)

왕달팽이과 Family Achatinidae

왕달팽이과는 아프리카 사하라 지역이 원산지이다. 세계적으로 13여 개 속으로 구성되며 그중에 동아프리카의 왕달팽이속(*Achatina*) 1종이 식용을 목적으로 국내에 도입되었다. 패각이 매우 커서 각고가 50-200mm에 이르고 나탑이 높다. 체층이 매우 크고 각구는 난형이다.

100. 왕달팽이 *Achatina fulica* Bowdich, 1822

패각은 대형의 원추형으로 나층은 8층이며 체층이 매우 크고 껍질은 광택이 있고 성장맥이 나타난다. 각구는 크고 두꺼우며 난형이다. 활층이 두껍게 발달했고 제공은 없고 봉합은 얕으며 검은 적갈색의 무늬가 불규칙하게 퍼져 있다. 동아프리카가 원산이며 식용을 목적으로 국내에 도입되었다. 화장품 원료로도 사용된다. IUCN의 100대 악성 외래 침입종으로 알려져 있다.

• 크　기: 각고 115mm, 각경 55mm
• 채집지: 경기(화성)

대고둥과 Family Subulinidae

패각의 크기는 소형이며, 형태는 탑형으로 입술대고둥과(Clausiliidae)에 비해 소형이고 나탑수도 적으며 좌선형이다. 전 세계적으로 분포하며 특히 일본, 인도네시아, 유럽, 미국 등지의 아열대 지방에 주로 서식한다. 국내에는 1속 2종이 채집된다. 전국적으로 분포하는데 밭가, 정원, 산기슭, 동굴의 안쪽까지도 서식하는 육산종이다.

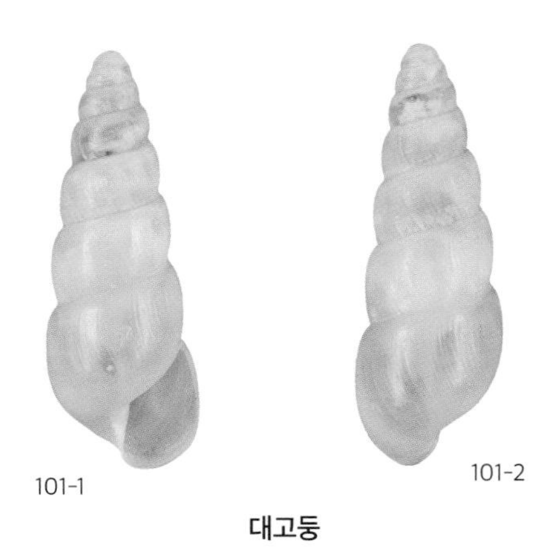

101-1 101-2

대고둥

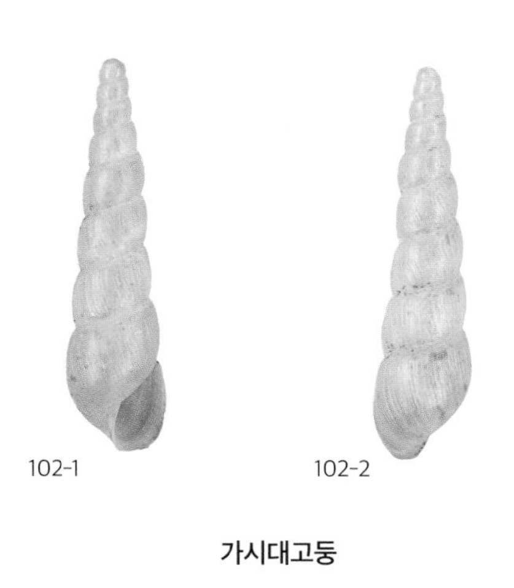

102-1 102-2

가시대고둥

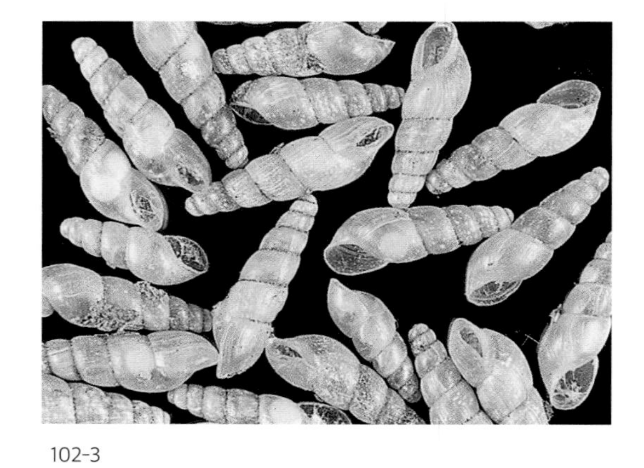

102-3

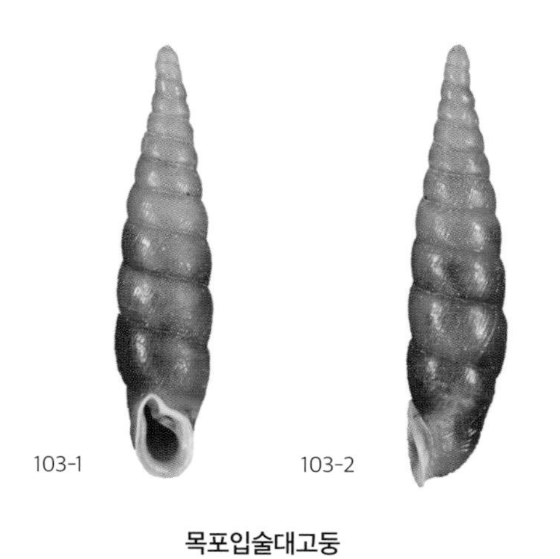

103-1 103-2

목포입술대고둥

101. 대고둥 *Allopeas clavulinum kyotoense* (Pilsbry & Hirase, 1904)

나층은 7층이고 가시대고둥(*A. pyrgula*)과 비교하여 상대적으로 각고가 짧고 각경이 넓어 통통하다. 체층에 크고 가는 성장맥이 있다. 제공은 축순이 젖혀져 닫혀 있으며 각구는 긴 난형이며 두껍지 않고 축순이 발달한다. 패각은 백색으로 얇고 반투명하며 광택이 난다. 전국적으로 분포한다.

- 크　기: 각고 10mm, 각경 3mm
- 채집지: 강원(춘천, 오봉산, 오대산, 철원), 경북(울릉도), 전남(거문도, 해남, 흑산도, 여수), 제주도

102. 가시대고둥 *Allopeas pyrgula* (Schmacker & Böttger, 1891)

나층은 8층으로 체층에서 각정으로 갈수록 가늘고 긴 것이 특징이다. 껍질은 회백색이고 껍질은 반투명하여 살아 있을 때는 연체가 황색으로 비친다. 봉합이 깊으며 미세한 성장맥이 나타난다. 각구는 좁고 끝이 얇다. 활층이 있으며 축순이 젖혀져 제공을 덮는다. 전국적으로 분포하며 정원이나 관상용 화분에도 서식한다.

- 크　기: 각고 9mm, 각경 2.3mm
- 채집지: 강원(속초, 설악산, 춘천, 강릉, 철원), 경기(소요산), 인천(강화도), 경북(울릉도), 제주도

입술대고둥과 Family Clausiliidae

패각의 크기는 중소형으로 형태는 길고 가는 방추형이다. 유럽, 중국, 일본에 분포한다. 국내에는 3속 5종이 서식하는 것으로 확인되나 일본에는 약 50속에 150여 종이 알려져 있다. 국내에 본 과의 종이 추가로 서식하고 있을 가능성이 높다. 모두가 좌선(좌권)이고 발생은 난생 또는 난태생을 한다. 내순의 치상돌기(상판, 하판, 하축판)와 각구 오른쪽 체층에 벽(주벽, 상강벽, 월상벽, 하강벽)이 분류의 기준이 된다. 참애입술대고둥(*E. aculus coreana* Möllendorff, 1887), 곳체입술대고둥(*E. gottschei* Möllendorff, 1887), 섬쇠입술대고둥(*Phaedusa sieboldii* Pfeiffer, 1848)의 기록이 있으나 채집이 안 되고 있다. 육산종이다.

103. 목포입술대고둥 *Euphaedusa aculus mokpoensis* (Pilsbry & Hirase, 1908)

나층은 11.5층이며 차체층이 체층보다 각경의 높이가 길고 폭도 넓다. 나층은 4-5층 이후부터 갑자기 좁아져서 각정까지 비슷하다. 봉합이 깊고 가는 성장맥이 있다. 각구는 난형이고 끝은 두꺼워져서 퍼지고 상판은 뚜렷하고 하판은 안쪽으로 크게 굽어 있으며 하축판은 없다. 주벽은 길어 축순 근방까지 뻗어 있다. 상강벽은 짧고 하강벽도 짧으며 상·하강벽 사이에 짧은 강벽이 5-7개 있다. 월상벽은 없다. 난태생을 한다. 고목 아래나 밭가의 관목림 사이에 서식한다. 한국 특산종으로 목포가 모식 산지이다.

- 크　기: 각고 12mm, 각경 3mm
- 채집지: 전남(목포, 흑산도)

104-1 104-2

104-3

부산입술대고둥

105-1

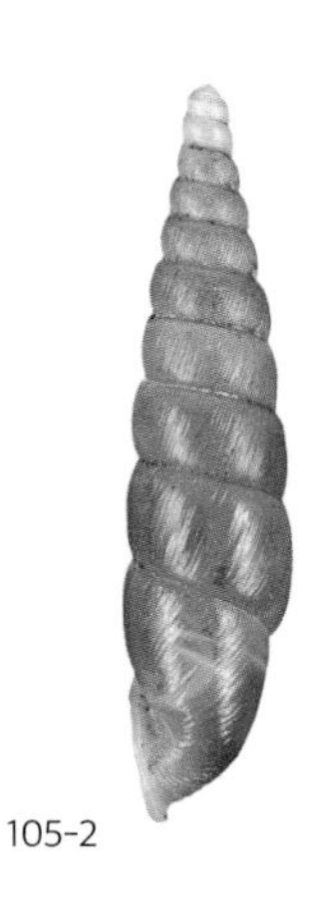
105-2

105-3

울릉도입술대고둥

106-1

106-2

금강입술대고둥

104. 부산입술대고둥 ***Euphaedusa fusaniana* (Pilsbry & Hirase, 1908)**

나층은 10-11층으로 방망이 모양이며 각 층에 고운 성장맥이 있다. 성패는 옅은 적갈색이나 노패(老貝)가 되면 회갈색을 띤다. 각구의 끝은 두꺼워지고 약간 퍼진다. 상판은 뚜렷하고 하판은 내부 깊은 곳에 있으며 하축판은 발달하여 순연에 도달한다. 긴 주벽이 있고 비스듬한 짧은 상강벽과 하강벽이 있고 월상벽이 있는 것도 있다. 난태생을 한다. 한국 특산종으로 부산이 모식 산지이다.

- 크　기: 각고 16mm, 각경 4mm
- 채집지: 충북(단양), 경기(여주), 부산, 울산, 경남(지리산, 거제도), 경북(소백산, 울진), 전남(여수, 완도, 진도, 거문도), 제주도

105. 울릉도입술대고둥 ***Euphaedusa fusaniana uturyotoensis* Kuroda & Hukuda, 1944**

나층은 10.5층으로 방망이 모양이며 각 층에 낮은 성장맥이 있다. 각구는 작고 둘레는 두껍다. 상판은 낮고 날카롭지 않으며 하판은 각구 연에는 나타나지 않고 내면에 내순에서 외순 방향으로 비스듬히 자리한다. 하축판도 둔하게 내면을 향한다. 주벽은 길고 뚜렷하며 상강벽은 짧고 주벽과 평행하지 않다. 월상벽은 각구 외순 방향으로 휘어지는데 그 폭이 일정하지 않다. 하강벽은 월상벽 끝에 매우 짧게 나타난다. 한국 특산종으로 울릉도 관모봉이 모식 산지이다.

- 크　기: 각고 16mm, 각경 3.2mm
- 채집지: 경북(울릉도)

106. 금강입술대고둥 ***Paganizaptyx miyanagai* (Kuroda, 1936)**

나층은 10층으로 전체적으로 방망이 모양이다. 성패는 적갈색이나 회갈색을 띠며 각층에는 성장맥이 나타나고 긴 주벽이 있다. 상강벽은 주벽에 나란히 발달되어 있으며 하강벽까지 월상벽이 발달되어 'J' 자 모양을 하고 있다. 각구에는 상판, 하판, 하축판이 있으나 하축판의 발달은 미약하다. 각구의 크기는 울릉금강입술대고둥(*P. miyanagai ullungdoensis*)보다 다소 작다. 한국 특산종으로 경기도 의정부시 소요산이 모식 산지이다.

- 크　기: 각고 14mm, 각경 3mm
- 채집지: 경기(소요산)

107-1

107-2

107-3

울릉금강입술대고둥

108-1

큰입술대고둥

109-1

109-2

109-3

울릉도평탑달팽이

107. 울릉금강입술대고둥 *Paganizaptyx miyanagai ullundoensis* Kwon & Lee, 1991

나층은 9층으로 방망이 모양이다. 각구는 작고 끝이 두꺼워지며 약간 젖혀진다. 상판, 하판, 하축판이 있으나 모두 발달이 미약하다. 주벽이 길고 상강벽은 비스듬히 아래로 치우쳐 있으며 월상벽은 주벽과 연결되어 각구 쪽으로 휘어진 'J' 자 모양을 하고 있다. 내순 바로 위에 강벽이 있으며 내순과 체층 사이의 간격이 좁다. 한국 특산종으로 울릉도가 모식 산지이다.

- 크　기: 각고 13.7mm, 각경 3.2mm
- 채집지: 경북(울릉도)

108. 큰입술대고둥 *Reinia variegata* (A. Adams, 1868)

입술대고둥과(Clausiliidae)에서 가장 작은 종이다. 나층은 6층이고 체층이 크며 불규칙한 갈색 또는 회색의 띠가 세로로 있다. 봉합이 깊고 각 나층이 뚜렷하다. 각구는 난형으로 넓고 둥글며 끝은 약간 두꺼워지며 축순 부위가 약간 젖혀진다. 활층이 있다. 주벽, 강벽, 월상벽이 없다. 내순에 치상돌기가 2개 있는데 하나는 크고 하나는 작다. 치상돌기가 없는 것도 있다. 각고에 비하여 각구가 큰 것이 특징이다. 활엽수림의 낙엽 밑에서 채집된다.

- 크　기: 각고 8mm, 각경 3mm
- 채집지: 경북(울릉도)

평탑달팽이과　Family Discidae

패각의 크기는 중소형으로 형태는 낮은 원추형이다. 일본, 북아시아, 북아메리카, 동부아프리카에 분포하고 국내에 1속 2종이 기록되어 있다. 북방계의 육산종이다.

109. 울릉도평탑달팽이 *Discus elatior* (A. Adams, 1858)

나층은 4.5층으로 낮고 편평하다. 체층이 매우 크고 주연 중앙에 용골상의 견각을 이룬다. 표면에는 굵고 촘촘한 종륵이 규칙적으로 배열한다. 각 나층은 납작하고 봉합이 깊어 각 나층이 뚜렷하게 구별된다. 체층 저면은 비스듬하고 제공이 깊어 각정 층이 관찰되나 평탑달팽이(*D. pauper*)보다는 좁다. 각구는 크며 외순이 곧은 둥근 사각형이다. 국내 특산종으로 울릉도가 모식 산지이다.

- 크　기: 각고 4.5mm, 각경 8.5mm
- 채집지: 강원(태백산, 철원), 경북(울릉도)

평탑달팽이

울릉도납작평탑달팽이

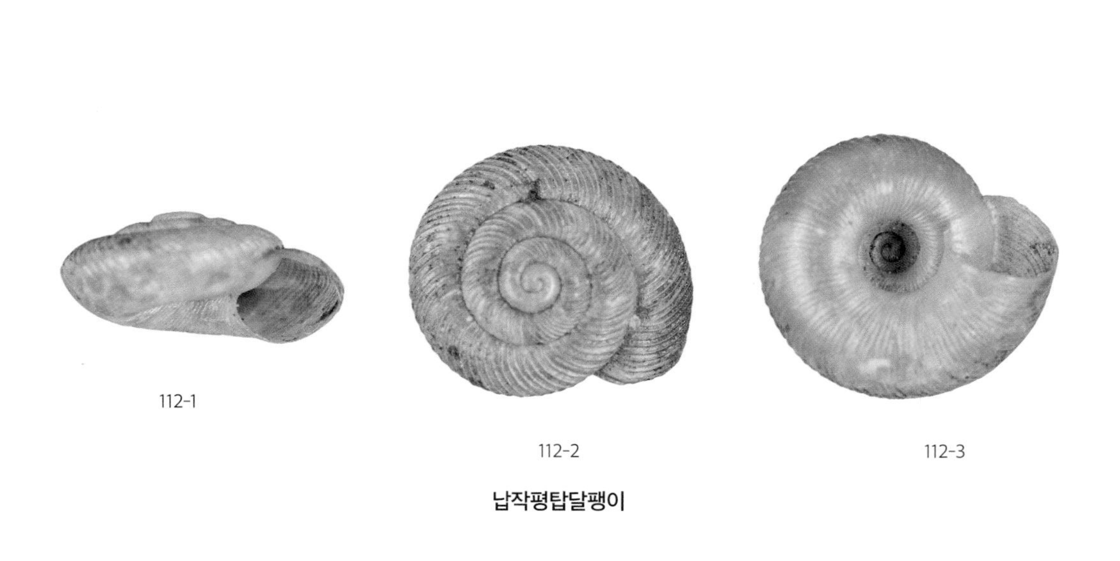

납작평탑달팽이

110. 평탑달팽이 *Discus pauper* (Gould, 1859)

나층은 4층으로 낮고 편평한 편이다. 체층 주연의 중앙에 둔한 각이 있고 체층 밑면은 편평하다. 껍질은 갈색에 가깝고 굵은 종륵이 비스듬히 규칙적으로 나 있다. 각정부의 1.5층 정도는 회백색으로 광택이 난다. 봉합이 깊어 각 나층이 뚜렷하다. 각구는 원형이고 밑으로 약간 쳐지며 끝이 두꺼워지거나 젖혀지지 않고 대단히 얇다. 제공은 매우 넓고 깊어 각정 층이 보인다. 한대성 종이다.

- 크 기: 각고 3.5mm, 각경 6mm
- 채집지: 강원(태백산, 철원), 경북(울릉도)

납작평탑달팽이과 Family Punctidae

우리나라에는 1속 2종이 확인되고 있다. 국내 울릉도에서만 채집되며 중국, 일본, 시베리아, 러시아 북부 등지에 분포하는 한대성 종이다. 평탑달팽이과(Discidae)와 매우 유사하여 차이점을 찾기가 어렵다.

111. 울릉도납작평탑달팽이 *Punctum dageletense* Kuroda & Hukuda, 1944

나층은 4층으로 나탑은 높은 편이다. 봉합은 깊은 편이며 나층은 약하게 부풀어 있다. 체층 주연 하단에 매우 둔한 각을 보인다. 종륵은 섬세하나 굵지는 않다. 각구는 둥글고 약간 아래로 쳐진다. 체층 저면은 편평한 편이다. 제공은 넓고 깊어 각정 층이 관찰된다. 과명과 종명의 일치를 위하여 '울릉도평지달팽이'(Kang *et al.*, 1971)에서 '울릉도납작평탑달팽이'로 변경하였다. 한국 특산종으로 울릉도가 모식 산지이다.

- 크 기: 각고 4mm, 각경 7mm
- 채집지: 경북(울릉도)

112. 납작평탑달팽이 *Punctum depressum* Kuroda & Hukuda, 1944

나층은 4층이고 표면에는 약한 광택이 있다. 체색은 짙은 갈색이며 나탑이 매우 낮아 거의 납작한 모양이다. 봉합은 상당히 깊고 뚜렷하다. 체층 주연 상단에 각이 있으며 주연 아래는 경사를 이루고 저면은 약하게 둥글다. 각정을 제외하고 두껍고 촘촘한 종륵이 패각 전체에 나타난다. 제공은 깊어 각정 층이 관찰된다. 낙엽 밑이나 돌 밑에 서식한다. 국명을 '평탑달팽이'(Choe & Park, 1997)에서 '납작평탑달팽이'로 변경하였다. 한국 특산종으로 울릉도가 모식 산지이다.

- 크 기: 각고 4mm, 각경 6.5mm
- 채집지: 경북(울릉도)

113-1 113-2 113-3

113-4

주름번데기

114-1 114-2 114-3

포항호박달팽이

주름번데기과 Family Streptaxidae

패각의 크기는 미소형으로 형태는 원통형이다. 일본, 대만, 인도네시아 등지에 분포하며 국내에는 1속 1종이 제주도에서만 채집되고 있다. 껍질은 백색이고 형태는 원통형이다. 껍질에 종륵이 많고 각구 안에는 강한 치상돌기가 있다. 육식성 육산종이다.

113. 주름번데기 *Sinoennea iwakawa* (Pilsbry, 1900)

나층은 6층이며 4번째 나층의 폭이 가장 넓은 원통형이다. 각 나층에는 발달된 미세한 종장륵이 있다. 패각은 백색이며 제공은 동그랗고 깊게 뚫려 있다. 각구는 둥근 삼각형이며 끝은 두꺼워지고 퍼져 있다. 각구 외순에 작은 돌기 2개, 내순 상부에 큰 돌기 1개가 있고 그 아래에도 1개의 작은이와 같은 돌기가 있다. 봉합은 깊으며 체층을 포함하여 각 층의 크기가 비슷하다.

- 크 기: 각고 4mm, 각경 1.5mm
- 채집지: 제주(김녕굴)

나사호박달팽이과 Family Gastrodontidae

패각의 크기는 소형이며 형태는 낮은 원추형이다. 패각 표면은 매끄럽고 광택이 난다. 제공은 좁고 깊은 편이다. 유라시아 대륙에 분포하며 국내 1속 2종이 서식하고 있다. 나사호박달팽이과의 종들은 유럽에서 유입된 외래종이다.

114. 포항호박달팽이 *Zonitoides arboreus* (Say, 1817)

나층은 5층이나 나탑이 낮아 편평하다. 껍질은 흑갈색으로 사패는 호박색과 회색을 띠고 광택이 난다. 체층은 크고 주연은 둥글며 미세한 성장선이 있다. 봉합은 뚜렷한 편이고 제공은 좁고 깊다. 각구는 둥글고 얇아 끝이 예리하다. 주택지의 정원, 온실 안에 많이 번식한다. 유럽이 원산지인 외래종이다.

- 크 기: 각고 2.2mm, 각경 5mm
- 채집지: 서울, 강원(춘천), 경북(포항)

115-1

115-2

115-3

포항호박달팽이아재비

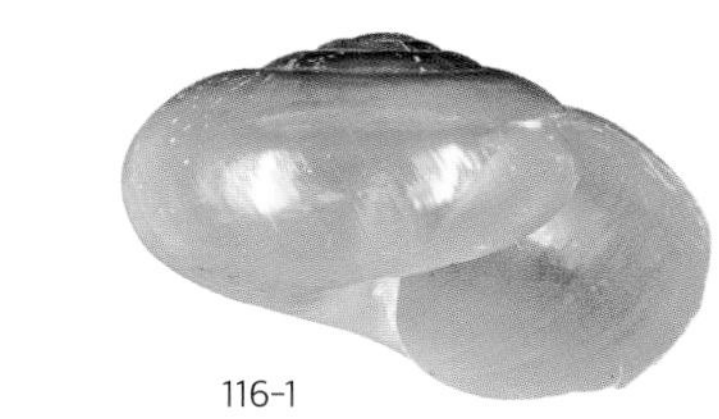

116-1

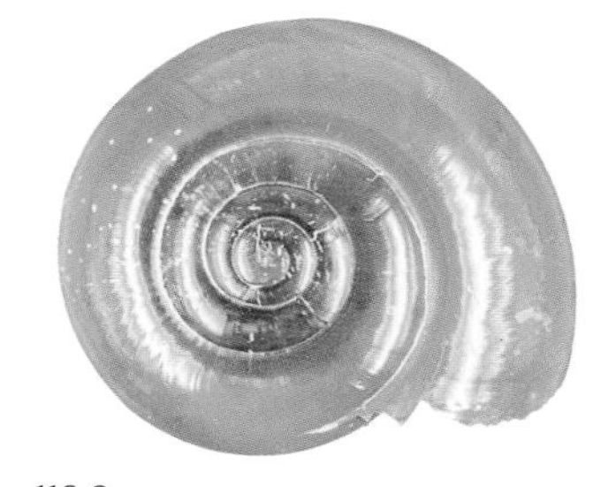

116-2

116-3

116-4

제주밤달팽이

117-1

117-2

117-3

남방밤달팽이

115. 포항호박달팽이아재비 *Zonitoides yessoensis* (Reinhardt, 1877)

나층은 4층이고 나탑은 낮다. 껍질은 황갈색으로 광택이 있다. 체층은 크고 둥글며 저면은 약간 편평하다. 각구는 크고 둥근 반월형으로 외순과 저순이 둥글다. 나층에 불규칙한 성장맥이 있고 봉합이 깊어 각 나층이 약하게 부풀어 있다. 산사면의 돌이 많은 곳에 서식한다. 포항호박달팽이(*Z. arboreus*)와 비슷하나 제공이 넓고 크기가 작다.

- 크　기: 각고 2.0mm, 각경 5.5mm
- 채집지: 경북(울릉도, 소백산)

밤달팽이과　Family Helicarionidae

패각의 크기는 미소형에서 중형이며 형태는 원추형 또는 민달팽이 유형도 나타난다. 껍질은 얇고 광택이 나며 대부분 체층이 크고 둥글다. 체층에 각이 있는 종도 있으며 나탑은 높거나 아주 낮다. 제공은 좁고 작다. 마다가스카르, 인도, 아시아 동남부, 하와이 등지에 분포하고 국내에는 9속 13종이 확인되고 있다. 육산종이다.

116. 제주밤달팽이 *Bekkochlamys quelpartensis* (Pilsbry & Hirase, 1908)

나층은 4.5층으로 나탑이 낮고 각정 부위가 약간 돌출한다. 껍질은 황갈색으로 얇으며 반투명하고 광택이 난다. 체층은 매우 크고 주연이 둥글다. 각구 끝은 예리하고 원형에 가까우며 축순 부위가 제공 쪽으로 약간 젖혀진다. 나층이 넓고 각정부가 편평하나 남방달팽이(*B. subrejecta*)보다는 높은 편이고 특히 체층이 크고 각구가 넓다. 이동할 때는 발이 앞뒤로 길게 뻗는데 발의 끝에는 꼬리 모양의 돌기가 있다. 한국 특산종으로 제주도가 모식 산지이다.

- 크　기: 각고 7.5mm, 각경 14mm
- 채집지: 제주(안덕계곡)

117. 남방밤달팽이 *Bekkochlamys subrejecta* (Pilsbry & Hirase, 1908)

나층은 5층으로 나탑이 낮아 편평하다. 껍질은 연한 갈색이며 반투명하고 광택이 있다. 체층은 크고 둥글며 저면은 편평하다. 봉합은 얕고 좁은 아연이 감겨져 있으며 각 나층의 폭이 점진적으로 감소한다. 각정부는 약하게 솟아 있다. 각구는 반월형이고 외순은 둥글고 저순은 편평하다. 제공은 좁다. 연체에서 외투막은 체층을 덮으며 발의 끝부분에는 꼬리 모양의 돌기가 있다. 전국적으로 분포한다.

- 크　기: 각고 7mm, 각경 14mm
- 채집지: 강원(철원, 태백산, 설악산), 부산, 전남(거문도), 제주도

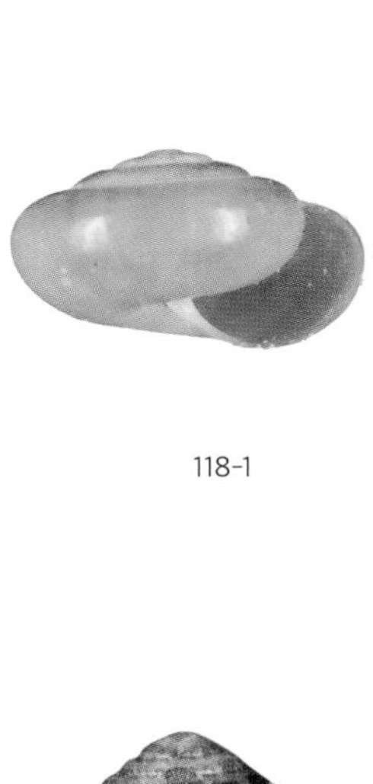

118-1

118-2

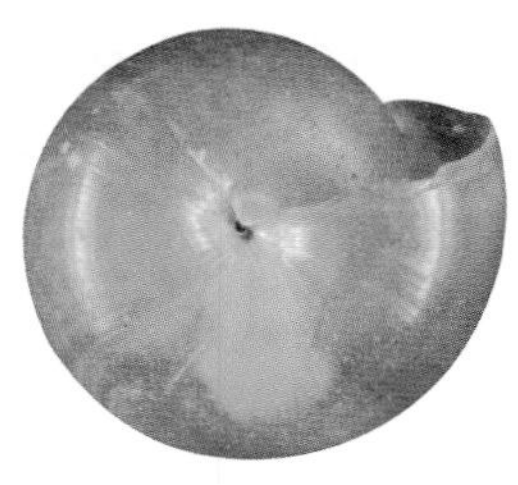
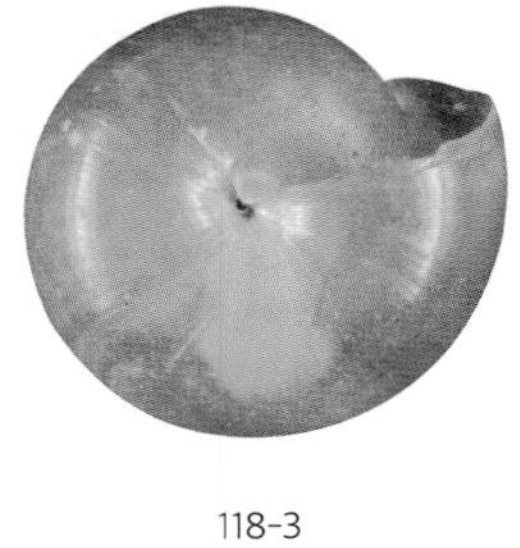

118-3

아기밤달팽이

119-1

119-2

119-3

나사밤달팽이

120-1

120-2

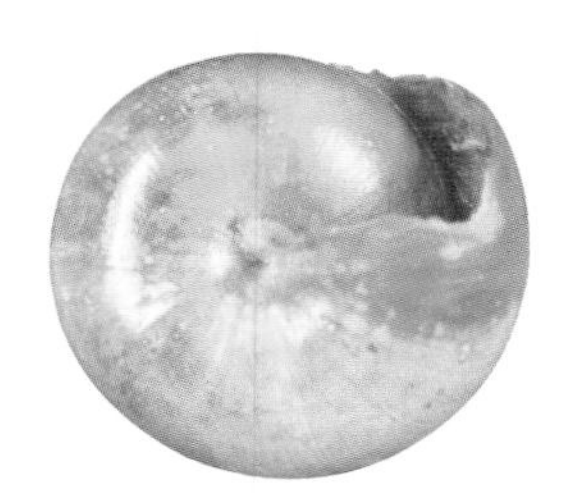

120-3

부산밑자루밤달팽이

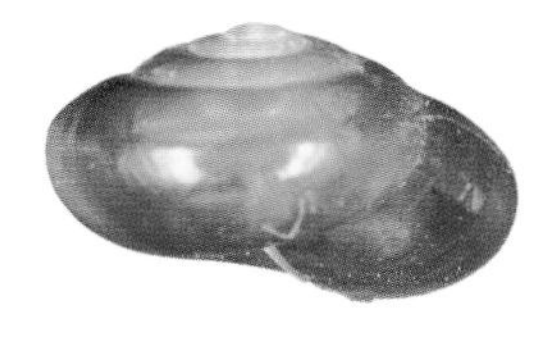

121-1

121-2

121-3

밑자루밤달팽이

118. 아기밤달팽이 *Discoconulus sinapidium* (Reinhardt, 1877)

나층은 4층으로 나탑이 낮아 편평하게 보인다. 패각은 황갈색이며 껍질이 얇고 반투명하며 광택이 있다. 체층은 크고 주연에 매우 약한 각이 있고 둥글며 저면은 투명하여 나축이 보인다. 봉합이 매우 깊다. 각구는 반월형이고 축순은 비스듬하며 약간 젖혀지고 외순과 저순은 얇고 둥글다. 제공은 축순에 가려서 거의 닫혀 있다. 밤달팽이 무리 중 가장 작다.

- 크 기: 각고 1.1mm, 각경 1.8mm
- 채집지: 강원(철원), 전남(거문도)

119. 나사밤달팽이 *Gastrodontella stenogyra* (A. Adams, 1868)

나층이 8층으로 나탑이 높다. 패각은 옅은 황갈색으로 체층 주연에 각이 있고 광택이 나며 매우 얇다. 체층은 크고 주연에는 각이 있고 주연을 기준으로 저면이 길다. 봉합이 깊어 각 나층이 뚜렷하고 약하게 부풀어 있다. 제공은 닫혀 있고 각구는 폭이 좁은 반월형이고 축순은 비스듬하며 약간 젖혀진다. 전국적으로 분포한다.

- 크 기: 각고 2mm, 각경 2.3mm
- 채집지: 강원(춘천, 사명산), 충북(단양, 소백산), 경남(거제도), 전남(거문도, 흑산도), 제주도

120. 부산밑자루밤달팽이 *Macrochlamys fusanus* Hirase, 1908

나층은 5.5층으로 나탑이 낮다. 껍질은 짙은 갈색으로 반투명하며 맑은 광택이 있다. 봉합은 깊은 편이고 아연이 둘러져 있다. 성장맥은 뚜렷하지 않으나 약하게 나타난다. 체층 주연부는 둥글지만 각의 흔적이 있다. 저면에는 아주 약한 나구가 있다. 성패가 되면서 제공은 약간 열린다. 각구는 반월형이고 두꺼워지거나 뒤로 젖혀지지 않는다. 한국 특산종으로 부산이 모식 산지이다.

- 크 기: 각고 3.3mm, 각경 5mm
- 채집지: 전남(거문도), 부산, 제주도

121. 밑자루밤달팽이 *Macrochlamys hypostilbe* Pilsbry & Hirase, 1909

나층은 4.5층으로 나탑이 낮다. 껍질은 연한 갈색이고 광택이 약하게 나타난다. 나층 높이는 서서히 증가하고 봉합은 깊지 않으며 아연이 있다. 성장맥은 있으나 뚜렷하지 않다. 체층 주연부는 둥글고 제공은 약간 열려 있다. 각구는 좁은 반월형이고 두꺼워지거나 젖혀지지 않으나 제공 부근에서는 약간 젖혀진다. 부산밑자루밤달팽이(*M. fusanus*)에 비하여 본 종은 크기가 작고 봉합이 얕으며 광택이 약한 편이다. 한국 특산종으로 부산이 모식 산지이다.

- 크 기: 각고 2mm, 각경 3mm
- 채집지: 전남(거문도), 부산, 제주도

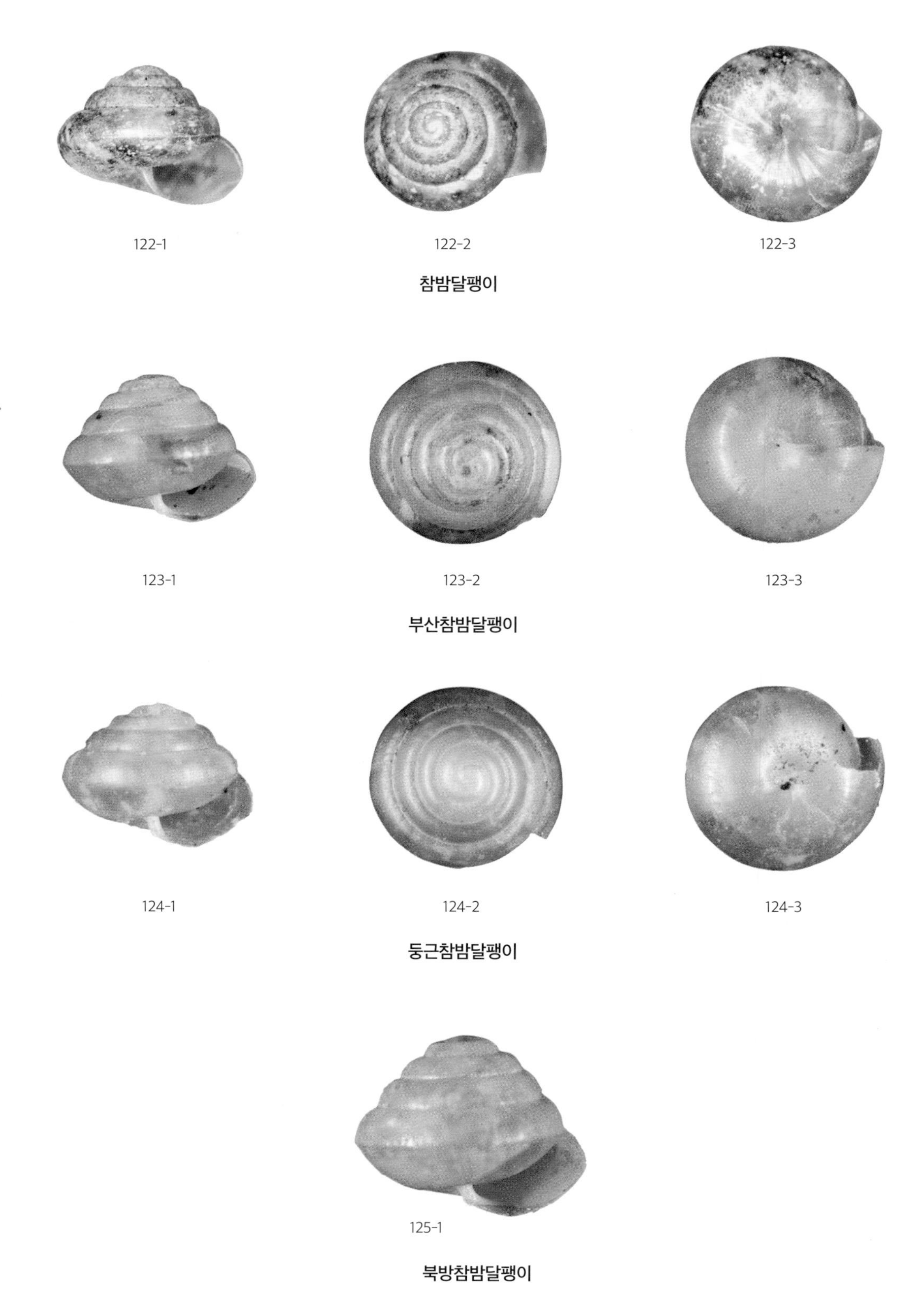

122-1 122-2 122-3

참밤달팽이

123-1 123-2 123-3

부산참밤달팽이

124-1 124-2 124-3

둥근참밤달팽이

125-1

북방참밤달팽이

122. 참밤달팽이 *Parakaliella coreana* (Middendorff, 1887)

나층은 6.5층으로 나탑은 약간 높은 편이다. 체색은 황갈색이고 광택이 있다. 봉합이 뚜렷하며 각 나층은 둥글게 부풀어있고 각정은 편평하다. 체층 주연에 둔한 각이 있다. 각구는 좁은 반월형으로 납작하다. 순연은 얇다. 제공은 작고 축순 부위는 젖혀진다. 한국 특산종으로 서울이 모식 산지이다.

- 크　기: 각고 2mm, 각경 2.8mm
- 채집지: 강원(설악산, 가리왕산), 전남(여수), 경남(통영[충무]), 경북(울릉도), 전남(거문도, 진도)

123. 부산참밤달팽이 *Parakaliella fusaniana* (Pilsbry & Hirase, 1909)

나층은 5층이며 나탑은 낮다. 체색은 옅은 황갈색이고 각정 부위를 제외한 각 체층에 미세한 성장맥이 비스듬히 나타난다. 봉합은 얕은 편으로 각 나층이 약하게 부풀어 있다. 체층은 참밤달팽이(*P. coreana*)보다 크고, 주연의 각도 강한 편이다. 축순은 약간 비스듬하고 젖혀져 제공을 약간 가린다. 제공이 좁고 작다. 각구는 반월형으로 외순과 저순은 둥글다. 한국 특산종으로 부산이 모식 산지이다.

- 크　기: 각고 2.2mm, 각경 2.5mm
- 채집지: 부산, 경남(거제도)

124. 둥근참밤달팽이 *Parakaliella obesiconus* (Pilsbry & Hirase, 1909)

나층은 4.5층으로 나탑이 낮다. 봉합은 깊고 각 나층이 부풀어 있다. 체층은 크고 주연에 각이 없다. 각구는 크고 폭이 넓은 반월형이고 외순에서 저순까지 둥글다. 제공은 매우 좁게 열려 있다. 한국 특산종으로 거제도가 모식 산지이다. 참밤달팽이(*P. coreana*)와 유사하나 본 종이 나층 수가 적고 체층과 각구가 상대적으로 큰 점이 다르다.

- 크　기: 각고 2.1mm, 각경 2.5mm
- 채집지: 강원(사명산), 경남(거제도)

125. 북방참밤달팽이 *Parakaliella serica* (Pilsbry, 1926)

나층은 6.5층으로 나탑은 다소 높다. 체색은 회갈색으로 광택이 있다. 봉합이 깊어 각 나층이 뚜렷하며 약하게 부풀어 있다. 각구는 좁은 반월형이고 축순은 경사지며 순연은 약하게 젖혀진다. 제공은 없다. 숲에 낙엽이 많이 쌓인 곳에 산다. 한국 특산종으로 평양이 모식 산지이다.

- 크　기: 각고 2mm, 각경 2.5mm
- 채집지: 서울, 경기(청평, 소요산), 강원(신철원), 전남(거문도, 진도, 여수), 경남(통영[충무]), 경북(울릉도), 전북(내장산), 충북(단양)

126-1

126-2

126-3

울릉도밤달팽이

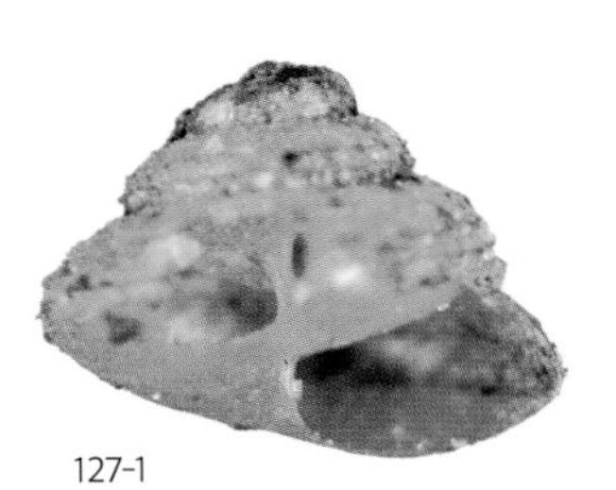

127-1

잔주름삿갓밤달팽이

128-1

수정밤달팽이

129-1

거문도밤달팽이

126. 울릉도밤달팽이 *Parasitala miyanagai* Kuroda & Hukuda,1944

나층은 5층이다. 껍질은 매우 얇고, 체색은 회갈색으로 표면에 미세한 성장맥이 있으며 약한 광택이 있다. 체층은 매우 크고 주연에는 둔한 각이 있으며 저면은 완만하게 둥글다. 각구는 반월형이고 축순은 비스듬하며 저순은 둥글다. 좁은 제공이 있다. 한국 특산종으로 울릉도가 모식 산지이다.

- 크 기: 각고 4.5mm, 각경 4.5mm
- 채집지: 전남(흑산도), 경북(울릉도)

127. 잔주름삿갓밤달팽이 *Sitalina japonica* Habe, 1964

나층은 4층이고 나탑은 낮다. 각저가 편평하여 전체적으로 삼각형을 이룬다. 껍질은 연한 밤색으로 반투명하다. 체층을 포함한 각 나층에 얇은 판 모양의 나맥이 3개씩 나타난다. 각정은 평활하다. 봉합은 깊어 각 나층이 둥글다. 각구는 둥근 직사각형이며 외순은 매우 얇다. 제공은 좁으며 축순이 젖혀져 약간 가려진다.

- 크 기: 각고 2.0mm, 각경 1.7mm
- 채집지: 제주(금산공원)

128. 수정밤달팽이 *Sitalina chejuensis* Kwon & Lee, 1991

나층은 8층으로 나탑이 높다. 껍질은 반투명한 갈색이며 연한 광택이 있다. 각 나층의 높이는 거의 일정 한 폭으로 감소하며 봉합이 깊어 각 체층은 둥글다. 체층 주연에 둔한 각이 있으며 저면은 편평하다. 각구는 반월형이고 외순은 예리하다. 곧은 축순이 제공을 덮고 있어 제공이 아주 좁다. 유패 시기에는 아주 미세한 성장맥과 굵은 나맥이 있으나 성패가 되면 약하게 체층에만 나타난다. 한국 특산종으로 제주도가 모식 산지이다.

- 크 기: 각고 3.6mm, 각경 2.6mm
- 채집지: 제주(금산공원)

129. 거문도밤달팽이 *Sitalina circumcincta* (Reinhardt, 1883)

나층은 6층으로 나탑이 높다. 껍질은 연한 광택이 나는 갈색이다. 봉합은 깊어 각 나층이 부풀고 구분이 뚜렷하며 각 나층에는 미세한 나맥이 나타난다. 체층의 나맥은 둔한 각을 이루는 주연 아래에는 나타나지 않는다. 각저는 편평하고 각구는 둥근 사각형으로 외순과 저순이 둥글다. 축순이 크게 젖혀져 제공을 가리어 제공은 깊고 좁게 열려 있다. 제주도의 금산 난대림 지역에서 채집되었다.

- 크 기: 각고 1.8mm, 각경 1.1mm
- 채집지: 제주(금산공원)

130-1 130-2

삿갓밤달팽이

131-1 131-2 131-3

제주아기밤달팽이

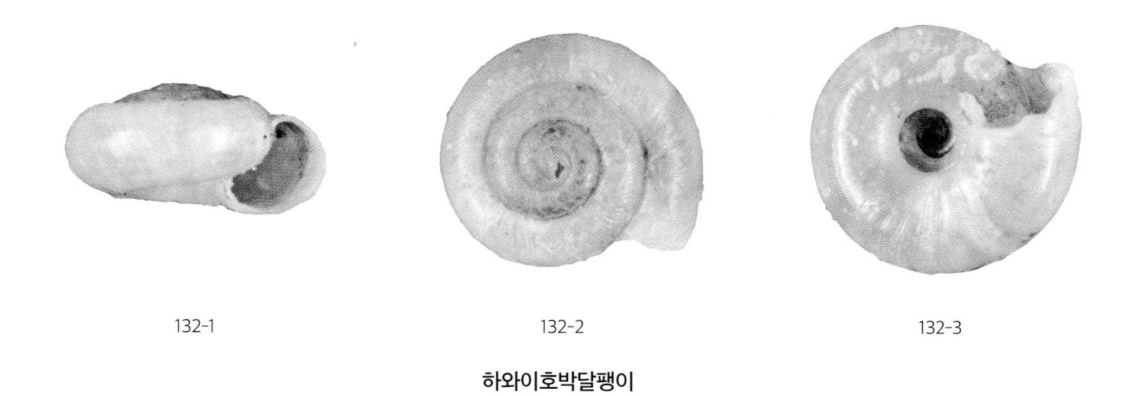

132-1 132-2 132-3

하와이호박달팽이

130. 삿갓밤달팽이 *Trochochlamys crenulata* (Gude, 1901)

나층은 6층이며 나탑이 매우 높다. 체색은 황갈색이고 껍질은 매우 얇고 반투명하며 광택이 있다. 체층과 저면의 경계가 되는 주연에 각이 있다. 봉합은 얕으나 각 나층의 경계는 뚜렷하다. 각구는 둥근 직사각형이고 순연은 예리하다. 축순은 곧고 제공은 작다. 숲 속의 낙엽 밑에 서식한다.

- 크 기: 각고 3.3mm, 각경 3mm
- 채집지: 강원(태백산, 평창, 오대산, 철원), 경기(용문사), 충북(단양), 경남(통영[충무]), 전남(거문도), 제주도

131. 제주아기밤달팽이 *Yamatochlamys lampra* (Pilsbry & Hirase,1904)

나층은 5.5층으로 나탑은 낮지 않다. 껍질은 갈색이며 반투명하고 광택이 있다. 체층은 크고 주연은 둥글며 저면은 편평하다. 봉합이 깊어 각 나층이 둥글다. 각구는 좁은 반월형이고 외순과 저순은 둥글다. 좁고 얕은 제공이 있다. 습한 숲 속의 낙엽 밑에 서식한다.

- 크 기: 각고 4mm, 각경 5.5mm
- 채집지: 제주(삼방산)

호박달팽이과 Family Zonitidae

패각의 크기는 소형이고 형태는 낮은 원추형으로 밤달팽이과(Helicarionidae) 무리와 유사하다. 표면은 대부분 연한 황색을 띤다. 인도, 일본, 쿠바, 코스타리카, 북아메리카 등지에 분포하며 국내에는 3속 5종이 확인되고 있다. 육산종이다.

132. 하와이호박달팽이 *Hawaiia minuscula* (Binney, 1840)

나층은 4층이며 나탑이 낮아 편평하다. 껍질은 회백색이며 체층은 크고 주연이 둥글며 각저는 편평하다. 성장맥이 약하게 나타나고 봉합이 깊어 각 나층이 뚜렷하며 약하게 부풀어 있다. 제공이 넓다. 각구는 둥근 반월형으로 크며 가장자리는 약간 두껍다. 돌무덤이나 주택가의 담 밑에 서식한다.

- 크 기: 각고 1.2mm, 각경 2.2mm
- 채집지: 경북(울릉도), 전남(지리산, 진도, 여수), 경남(통영[충무])

133-1 133-2 133-3

호박달팽이아재비

134-1 134-2 134-3

호박달팽이

135-1 135-2

135-3

달팽이

135-4

133. 호박달팽이아재비 *Retinella radiatula* (Pilsbry & Hirase, 1904)

나층은 5층으로 나탑이 낮아 편평하다. 껍질은 회백색으로 광택이 있다. 봉합은 뚜렷하나 각 나층은 둥글지 않고 편평하다. 체층은 매우 크고 둥글며 각저는 편평하다. 각구는 좁은 반월형이고 끝이 얇아 예리하다. 제공이 좁고 깊다. 밭가의 돌담이나 절터의 담 밑과 같은 다소 건조한 곳에 서식한다. 호박달팽이과(Zonitidae) 중에 가장 크다.

- 크　기: 각고 3mm, 각경 7mm
- 채집지: 충남(계룡산)

134. 호박달팽이 *Retinella radiatula coreana* Kwon & Lee, 1991

나층은 4.5층이며 껍질은 반투명한 갈색 또는 회갈색으로 광택이 있다. 봉합이 깊어 각 나층이 뚜렷하고 봉합 부위를 따라 좁은 아연이 있으며 각 나층이 둥글다. 각정 부위를 제외한 각 나층에 촘촘한 성장맥이 있다. 체층 저면은 편평하다. 각구는 비스듬한 반월형이고 성패가 되어도 두꺼워지거나 젖혀지지 않으며 제공이 깊어 각정 부분까지 보인다. 야산의 다소 건조한 낙엽 밑에 서식한다. 한국 특산종으로 계룡산이 모식 산지이다.

- 크　기: 각고 2.8mm, 각경 5.1mm
- 채집지: 충남(계룡산), 충북(소백산)

달팽이과 Family Bradybaenidae

모두 육산종으로 패각의 크기는 중소형에서 대형까지 이른다. 형태는 원추형으로 대부분 나탑이 낮고 색대를 지니기도 한다. 각구는 큰 편이다. 제공은 좁고 깊거나 매우 넓으며 각표는 평활하거나 각모가 나 있기도 한다. 아시아 지역에 주로 분포하고 국내에는 12속 37종이 기록되어 있다. 대부분 산지형이지만, 달팽이(*A. despecta sieboldiana*)는 인가 근방에 서식하며 작물에 피해를 준다.

135. 달팽이 *Acusta despecta sieboldiana* (Pfeiffer, 1850)

나층은 5층이고 체층이 커서 각고의 4/5 이상을 차지하며 체층 주연부는 둥글다. 체색은 황갈색이고, 패각에는 거친 성장맥이 촘촘히 있다. 봉합이 다소 깊고 제공은 축순 때문에 거의 닫혀 있다. 각구는 넓고 끝이 두꺼워지지 않는다. 가장 흔한 종으로 전국의 논, 밭가의 돌 밑이나 풀속 등 인가 주변에 서식하며 농작물에 해를 끼친다.

- 크　기: 각고 21mm, 각경 20mm
- 채집지: 전국에 분포

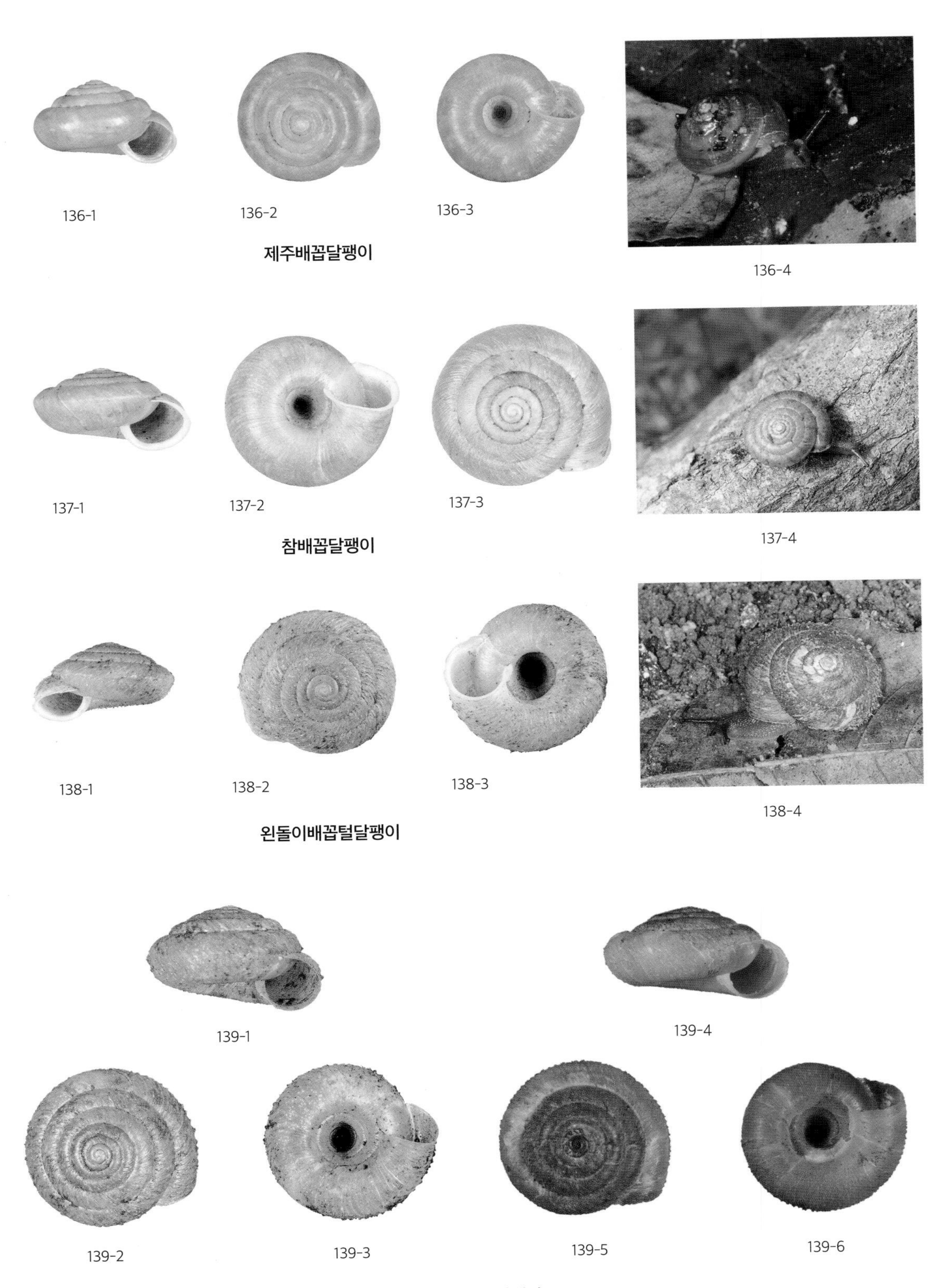
136-1 136-2 136-3 136-4

제주배꼽달팽이

137-1 137-2 137-3 137-4

참배꼽달팽이

138-1 138-2 138-3 138-4

왼돌이배꼽털달팽이

139-1 139-4 139-2 139-3 139-5 139-6

곳체배꼽달팽이

136. 제주배꼽달팽이 *Aegista chejuensis* (Pilsbry & Hirase, 1908)

나층은 5.5층이다. 패각은 황갈색이고 체층은 둥글게 부풀어 있고 각저는 광택이 난다. 제공은 동그랗고 깊으며 봉합이 뚜렷하고 각 나층은 약하게 부풀어 있다. 각구는 둥근 반월형이고 끝이 두꺼워지지 않는다. 성장맥이 희미하고 체층은 돌기가 없이 매끈하다. 한국 특산종으로 제주도가 모식 산지이다. 남해안 도서 지방에 주로 분포한다. 출현 빈도는 높지 않다.

- 크 기: 각고 5mm, 각경 7.5mm
- 채집지: 전남(진도), 제주도

137. 참배꼽달팽이 *Aegista chosenica* (Pilsbry, 1926)

나층은 7층이며 나탑이 낮고 각경이 각고의 약 2배이다. 체층 주연부에 각이 있고 전면에 미세한 돌기가 나 있다. 체색은 황갈색이고 제공은 넓으나 명주배꼽달팽이(*A. tenuissima*)보다는 다소 좁은 편이다. 각구의 끝은 두꺼워지고 백색이며 광택이 있고 약간 젖혀진다. 한국 특산종으로 평안북도 수풍이 모식 산지이다.

- 크 기: 각고 10mm, 각경 18mm
- 채집지: 경기(소요산), 강원(삼척, 태백산, 두타산), 충남(계룡산), 충북(단양, 소백산), 전남(완도), 경남(거제도), 전북(내장산), 전남(지리산), 제주도

138. 왼돌이배꼽털달팽이 *Aegista diversa* Kuroda & Miyanaga, 1936

나층은 6.5층으로 납작하며 봉합은 깊지 않다. 패각은 짙은 갈색으로 체층 주연부에 각이 있으며 그 끝에 각피가 변한 털이 많이 나 있다. 제공은 넓고 깊어 각정 부위가 보인다. 각구가 좌측으로 나 있는 좌선형이다. 각구는 난형의 반달 모양이며 성패는 두꺼워지고 뒤로 약간 젖혀진다. 육질의 발 부분은 연한 자색을 띤다. 습기가 많은 산지의 낙엽이나 돌 밑에 서식한다. 한국 특산종으로 의정부 소요산이 모식 산지이다. 중·북부 지방에 분포한다.

- 크 기: 각고 11mm, 각경 22mm
- 채집지: 강원(오대산, 춘천 창촌리, 오봉산, 점봉산, 사명산, 태백산, 대룡산), 경기(소요산)

139. 곳체배꼽달팽이 *Aegista gottschei* (Middendorff, 1887)

나층은 6.5층이다. 패각은 짙은 황갈색이고 성장맥을 따라 작은 각모가 밀생한다. 체층 주연부에는 약한 각이 있고 각피는 거칠고 성장맥 또한 거칠다. 제공은 크고 깊으며 난형의 각구는 두꺼워지지 않고 약간 젖혀진다. 부식된 활엽수의 낙엽 밑에 서식하며 산기슭의 건조한 밭가에서도 채집된다. 한국 특산종이며 모식 산지는 알려져 있지 않다. 전국적으로 분포한다. 유사종인 금강곳체배꼽달팽이(*Aegista kongoensis* Kuroda & Miyanaga, 1939)는 껍질에 각피가 변한 가시와 같은 각모가 길게 밀생하여 본 종과 구별된다.

- 크 기: 각고 6mm, 각경 10mm
- 채집지: 전국에 분포

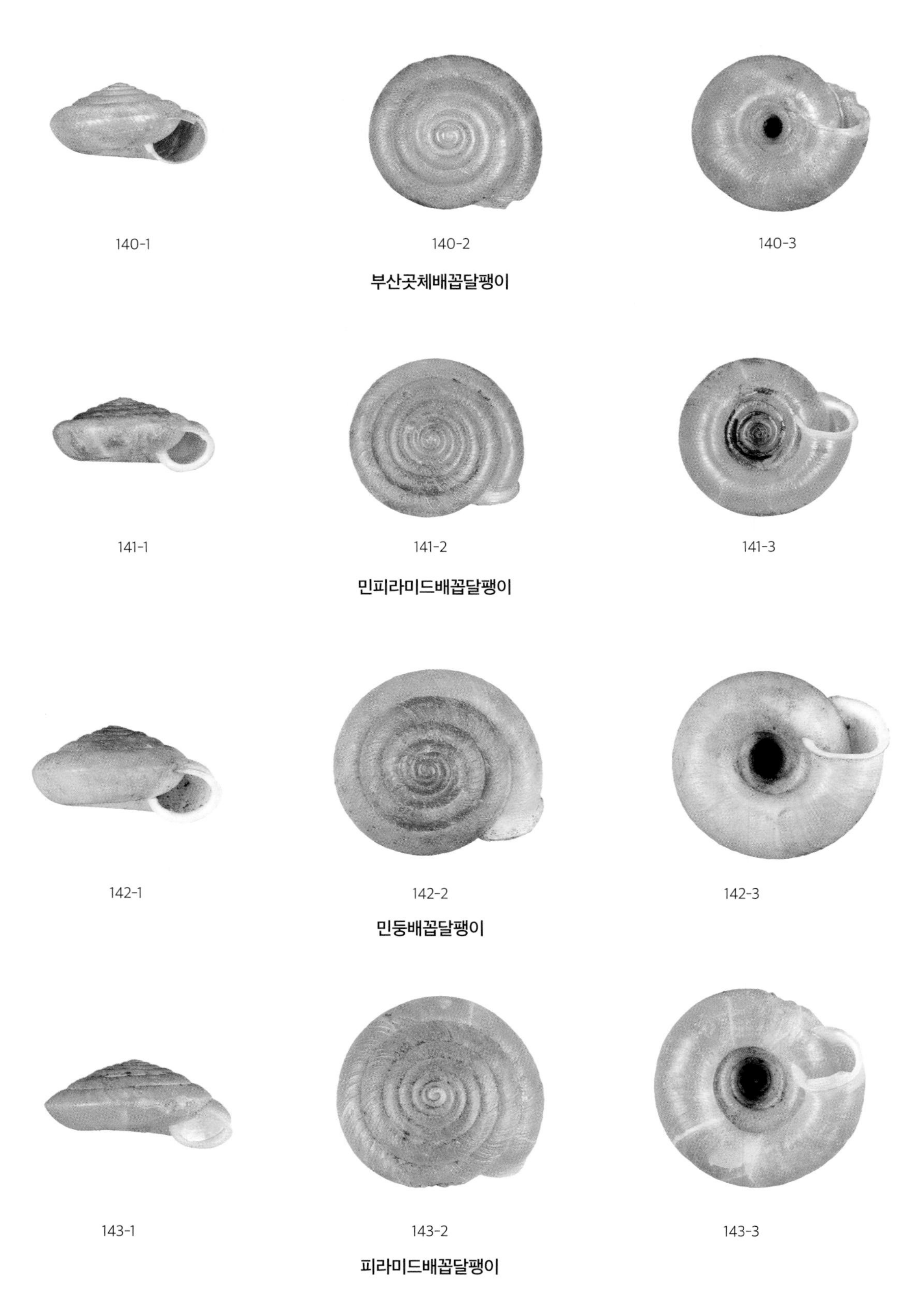

140-1 140-2 140-3

부산곳체배꼽달팽이

141-1 141-2 141-3

민피라미드배꼽달팽이

142-1 142-2 142-3

민둥배꼽달팽이

143-1 143-2 143-3

피라미드배꼽달팽이

140. 부산곳체배꼽달팽이 *Aegista fusanica* (Pilsbry, 1926)

나층은 5.5층이며 껍질은 옅은 황갈색이고 작은 돌기가 있으나 곳체배꼽달팽이(*A. gottschei*)처럼 길고 밀생하지는 않는다. 각구는 두꺼워지지 않으나 약간 밖으로 젖혀진다. 부식된 낙엽 밑에 서식한다. 한국 특산종으로 부산 태종대가 모식 산지이다.

- 크 기: 각고 5mm, 각경 8.7mm
- 채집지: 충남(가의도), 부산(태종대)

141. 민피라미드배꼽달팽이 *Aegista hebes* (Pilsbry, 1926)

나층은 7층이나 아주 낮으며 각정에서 체층으로 가면서 각 나층의 폭이 점차 커진다. 체색은 옅은 황갈색이다. 체층의 상부 주연부에 각이 뚜렷하다. 각피에는 거친 성장맥이 있고 제공은 매우 크고 깊다. 각구는 둥글고 끝이 두꺼워지지 않으며 각구에 활층이 약하게 있다. 숲의 부식된 낙엽 밑에 서식한다. 한국 특산종으로 평양이 모식 산지이다.

- 크 기: 각고 5.5mm, 각경 10.5mm
- 채집지: 강원(평창 미탄면, 오대산), 인천(덕적도)

142. 민둥배꼽달팽이 *Aegista proxima* (Pilsbry & Hirase, 1909)

나층은 6.5층이다. 패각은 옅은 황갈색으로 체층 주연에 각이 있고 미세한 성장맥이 비스듬히 나타난다. 제공은 넓고 깊어 각정 부위까지 보인다. 봉합이 깊어 각 나층이 뚜렷하다. 각구는 반월형으로 끝은 두꺼워지고 백색이며 끝이 약간 젖혀진다. 부식된 낙엽 밑이나 낙엽 사이의 건조한 곳에 서식한다. 한국 특산종으로 거제도가 모식 산지이다.

- 크 기: 각고 7mm, 각경 12mm
- 채집지: 전남(여수), 전남(거제도)

143. 피라미드배꼽달팽이 *Aegista pyramidata* (Pilsbry, 1906)

나층은 7.5층으로 나탑이 높다. 체색은 옅은 황갈색이고 체층 주연에 예리한 각이 있다. 봉합은 뚜렷하나 각 나층은 부풀지 않는다. 제공은 매우 넓고 깊으며 각구 끝 부분은 백색이고 약간 두꺼워지며 젖혀진다. 각구는 체층과 분리되어 아래에서 시작된다. 부식된 낙엽 밑이나 낙엽 사이의 건조한 곳에 서식한다. 한국 특산종으로 전주가 모식 산지이다.

- 크 기: 각고 7mm, 각경 12mm
- 채집지: 강원(춘천, 대룡산, 오대산, 평창 미탄면)

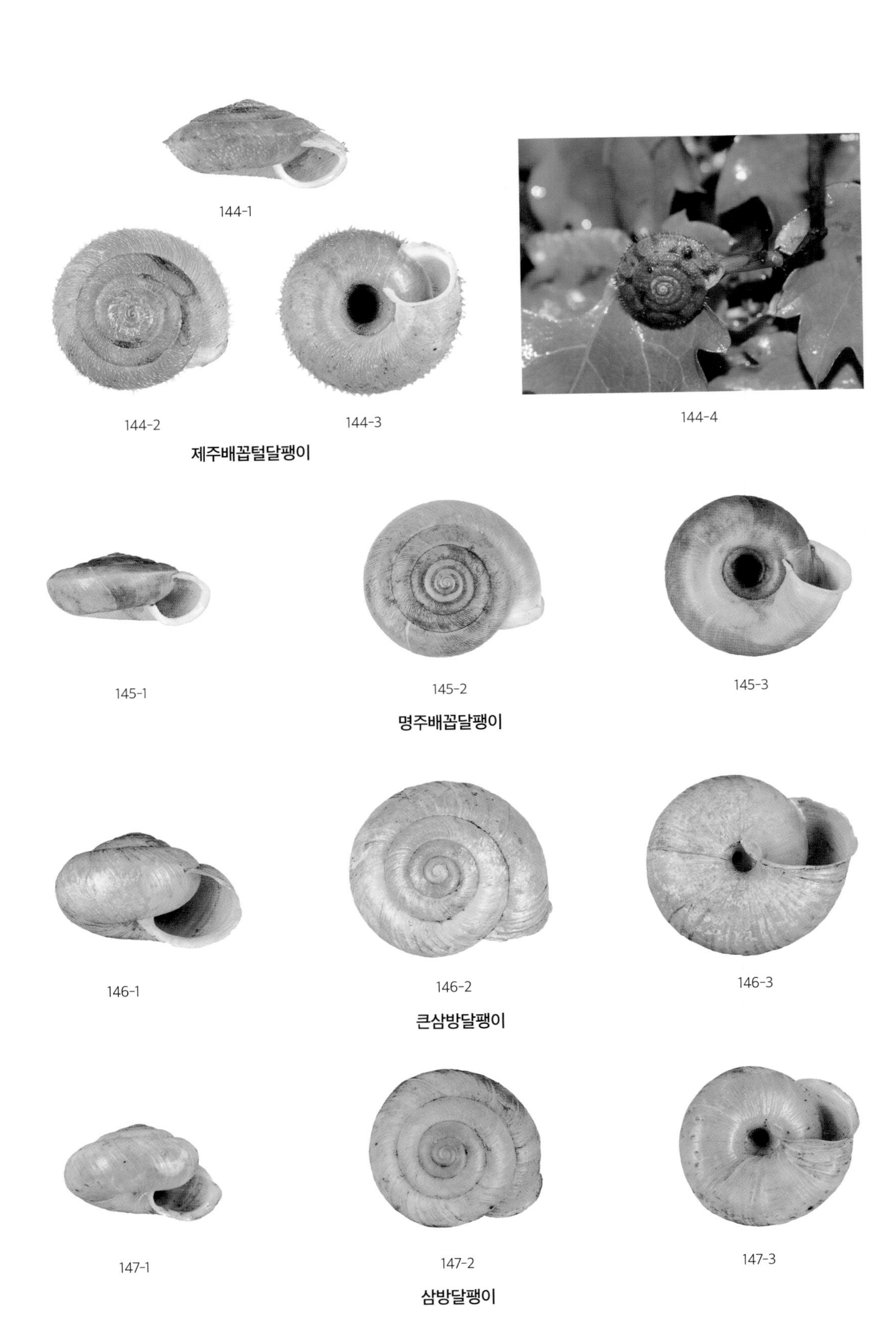

144-1

144-2 144-3 144-4

제주배꼽털달팽이

145-1 145-2 145-3

명주배꼽달팽이

146-1 146-2 146-3

큰삼방달팽이

147-1 147-2 147-3

삼방달팽이

144. 제주배꼽털달팽이 *Aegista quelpartensis* (Pilsbry & Hirase, 1904)

나층은 6.5층으로 납작하다. 패각은 옅은 황갈색으로 체층 주연부에 예리한 각이 있으며 그 끝에는 각피가 변한 가시 모양의 털(돌기)이 많이 나 있다. 패각 표면에는 무수히 많은 작은 비늘 모양의 각모 돌기가 있다. 제공은 크고 깊으며 각구는 사각형에 가까운 난형이다. 왼돌이배꼽털달팽이(*A. diversa*)와 유사하나 우선형이다. 한국 특산종으로 제주도가 모식 산지이다. 제주도와 남부 해안지방에 분포한다.

- 크 기: 각고 9mm, 각경 19mm
- 채집지: 전남(진도), 제주도

145. 명주배꼽달팽이 *Aegista tenuissima* (Pilsbry & Hirase, 1908)

나층은 6.5층이고 매우 편평하여 납작하다. 체색은 황갈색이며 성장맥이 매우 거칠게 비스듬히 나 있다. 제공은 매우 넓고 깊어 제공의 폭이 각경의 약 40%를 차지한다. 각구는 넓고 끝은 약간 퍼지며 체층 바닥면보다 약간 아래쪽에 위치한다. 부식된 낙엽 밑에 서식한다. 한국 특산종으로 부산이 모식 산지이다.

- 크 기: 각고 9mm, 각경 21mm
- 채집지: 강원(점봉산, 철원, 두타산), 인천(강화도), 부산

146. 큰삼방달팽이 *Bradybaena montana* Kuroda & Miyanaga, 1943

삼방달팽이(*B. sanboensis*)와 유사하나 크기가 크고 나층 수가 5.5층으로 많다. 봉합이 깊고 체층은 크게 부풀어 있다. 각구는 반월형이며 순연은 두껍고 심하게 젖혀진다. 두꺼운 활층은 장밋빛이다. 한국 특산종으로 외금강 삼방이 모식 산지이다.

- 크 기: 각고 15mm, 각경 25mm
- 채집지: 양강도(백암)

147. 삼방달팽이 *Bradybaena sanboensis* Kuroda & Miyanaga, 1939

나탑은 5층으로 각정은 뾰족하지 않으며. 각정부에는 미세한 돌기가 있으며, 2단으로 구별된다. 체층은 매우 넓고 약한 각이 있으며, 봉합은 깊다. 제공은 작고 매우 깊으며 각구는 비스듬한 반달형이고 외순은 넓어지며 젖혀진다. 활층은 연한 적자색이고 각축은 짧고 제공 쪽으로 젖혀 있어 부분적으로 제공을 덮는다. 저순 부위는 편평하다. 체색은 연분홍빛이다. 한국 특산종으로 외금강 삼방이 모식 산지이다.

- 크 기: 각고 11mm, 각경 16mm
- 채집지: 강원(고산 위남리)[함남(안변 위남리)]

148-1 148-2 148-3

달팽이아재비

149-1 149-2 149-3 149-4

내장산띠달팽이

150-1 150-2 150-3

충무띠달팽이

151-1 151-2 151-3

큰입달팽이

148. 달팽이아재비 *Chosenelix problematica* (Pilsbry, 1926)

달팽이(*A. despecta sieboldiana*)와 아주 유사하지만, 나층이 5층으로 나탑이 낮으며 소형이다. 체층이 커서 각고의 4/5 정도를 차지하며 체층 주연부에 둔한 각이 있다. 각정 층을 제외한 각 체층에 연한 성장맥이 있으며 패각은 명줏빛에 가까운 회백색으로 무광택이며 반투명하다. 제공이 동그랗고 좁으며 깊고 축순이 제공의 일부를 덮고 있다. 각구는 둥근 반달 모양이고 끝은 예리하다. 한국 특산종으로 모식 산지는 알려져 있지 않다. 전국적으로 분포하나 출현 빈도가 높지 않다.

- 크　기: 각고 10mm, 각경 14mm
- 채집지: 강원(태백산)

149. 내장산띠달팽이 *Euhadra dixoni* (Pilsbry, 1900)

나층은 5.5층이며 0030형의 색대가 있고 가끔 색대가 없는 개체(0000형)도 나타난다. 제공은 작고 깊다. 각구는 외순 아래로 길게 뻗은 반원형이고 두꺼워지지 않으나 뒤로 약간 젖혀지며 축순 부분이 제공을 가린다. 적갈색의 색대를 제외한 껍질의 색은 연한 갈색으로 매우 곱다. 숲 속의 돌무덤 사이에 서식한다. 내장산에서 채집된 개체는 대부분 색대가 없고 제주도에서 채집된 개체는 색대가 뚜렷하다.

- 크　기: 각고 20mm, 각경 26mm
- 채집지: 전북(내장산), 제주도

150. 충무띠달팽이 *Euhadra herklotsi* (Martens, 1860)

나층은 5.5층이며 체색은 황갈색 또는 적갈색이고 비스듬한 성장맥이 나타난다. 0204형의 색대가 있다. 봉합은 뚜렷하고 체층으로 갈수록 깊고 확실해진다. 각구는 끝이 약간 두꺼워져서 뒤로 젖혀지고 안쪽에 백색의 활층이 있다. 축순이 제공을 약간 덮는다. 제공은 좁고 깊지 않다. 남부 지방의 숲속 낙엽 밑이나 돌무덤에 서식한다.

- 크　기: 각고 20mm, 각경 40mm
- 채집지: 경남(통영[충무], 거제도, 남해도), 제주도

151. 큰입달팽이 *Ezohelix* sp. 1

패각은 두텁고 갈색을 띤다. 나층은 5층이고 거친 성장맥이 나타난다. 나층을 따라 적갈색 띠가 둘러져 있다. 봉합은 깊어 각 나층이 둥글고 체층이 매우 크다. 각구는 난형이며 크고 순연은 두꺼워지거나 젖혀지지 않는다. 제공은 축순에 가리어 좁게 열려 있다.

- 크　기: 각고 28.1mm, 각경 28mm
- 채집지: 강원(오대산)

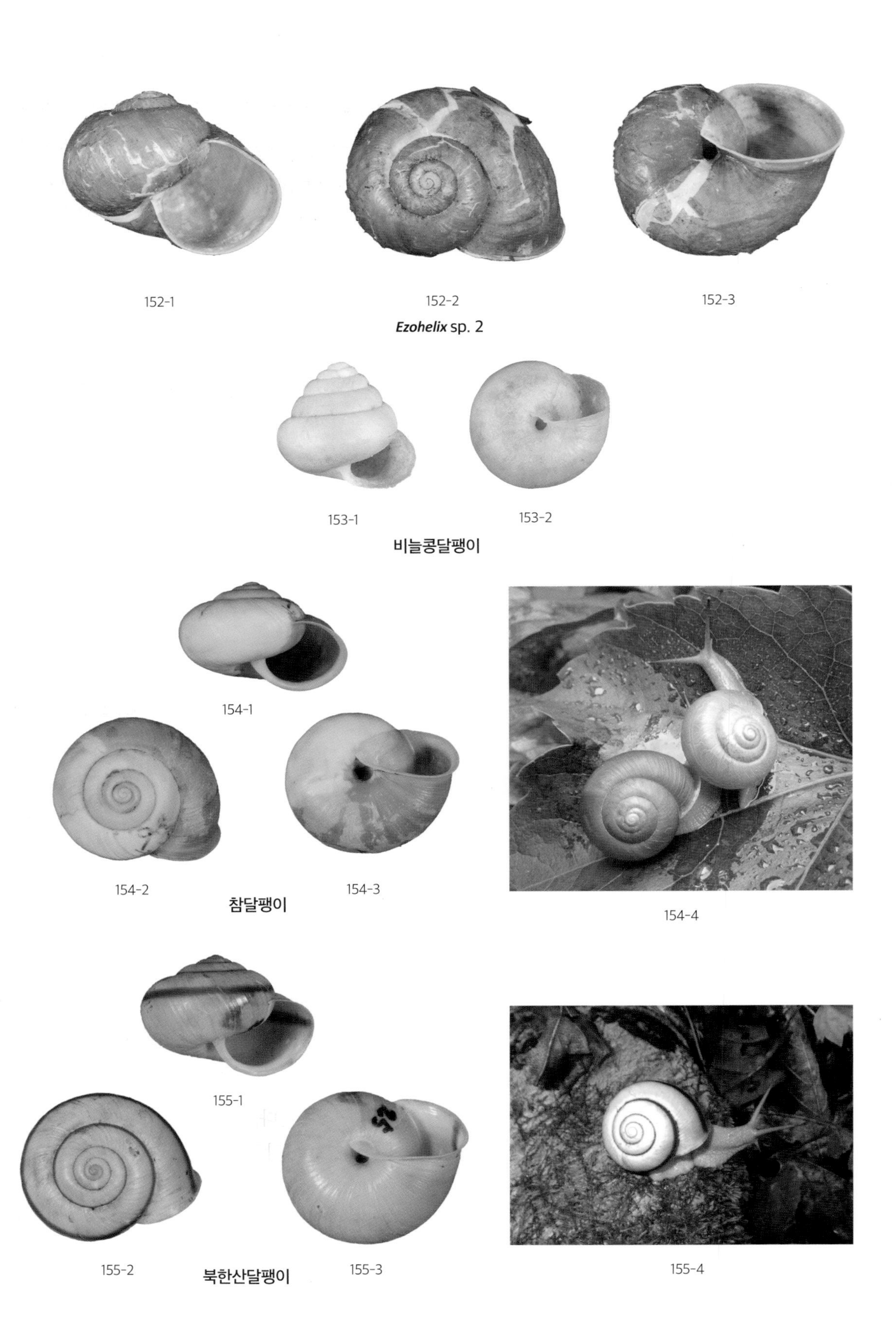

152-1 152-2 152-3

Ezohelix sp. 2

153-1 153-2

비늘콩달팽이

154-1

154-2 154-3

참달팽이

154-4

155-1

155-2 155-3

북한산달팽이

155-4

152. *Ezohelix* sp. 2

나층은 4층이며 패각은 얇고 황갈색 각피가 덮여 있다. 거친 성장맥이 나타나며 봉합이 매우 깊어 각 나층이 눌린 듯한 모양이다. 체층은 매우 크고 둥글다. 각구는 넓고 둥근 사각형이다. 각구 가장자리는 두꺼워지거나 젖혀지지 않지만 축순은 약하게 젖혀지며 제공을 가린다. 제공은 좁고 깊게 열려 있다.

- 크　기: 각고 25mm, 각경 40mm
- 채집지: 강원(오대산)

153. 비늘콩달팽이 *Lepidopisum verrucosum* (Reinhardt, 1877)

나층이 5층이다. 체층은 크고 주연부는 둥글다. 미세한 성장맥이 있고 봉합이 깊어 각 층이 뚜렷하고 각구는 끝이 두꺼워지지 않는다. 제공은 좁고 깊다. 축순은 두꺼워지고 백색이다. 석회성 토질을 좋아하고 건조한 곳에 서식한다. 중북부 지역에 주로 분포한다.

- 크　기: 각고 5mm, 각경 7mm
- 채집지: 강원(삼척, 강릉, 화천, 속초, 철원, 설악산), 경기(여주, 청평), 충북(단양), 경북(울진)

154. 참달팽이 *Koreanohadra koreana* (Pfeiffer, 1846)

나층은 5층이며 차체층 이후 각정까지의 높이가 북한산달팽이(*K. kurodana*)보다 낮아 체층 주연이 더욱 둥글다. 제공은 좁고 깊다. 성체의 각구 끝은 두꺼워지고 약간 펴지며 활층의 흔적이 있다. 각정 층을 제외한 전 나층에 미세한 성장맥이 나타난다. 패각은 황갈색, 연한 보라색 등으로 변이가 있다. 색대는 나타나지 않는다. 한국 특산종으로 홍도가 모식 산지로 알려져 있고 환경부 멸종위기 야생생물(2급)로 지정되어 있다.

- 크　기: 각고 16mm, 각경 23mm
- 채집지: 전남(홍도)

155. 북한산달팽이 *Koreanohadra kurodana* (Pilsbry, 1926)

나층은 5.5층이며 제공은 좁고 깊다. 체층이 커서 각고의 2/3 이상을 차지한다. 각구는 끝이 두꺼워지고 넓게 펴지며 활층의 흔적이 나타난다. 0200형의 색대가 있다. 개체에 따라 띠의 폭이 다르며 체층 주연에서 생긴 적갈색 띠는 봉합 바로 위를 따라 각정 쪽으로 이어진다. 체층 색대 아래에 옅은 황갈색 무늬가 제공 부근을 제외하고 넓게 퍼져 있다. 한국 특산종으로 서울 북한산이 모식 산지이다.

- 크　기: 각고 20mm, 각경 28mm
- 채집지: 서울(북한산), 강원(춘천 창촌리, 평창 미탄면, 오대산, 태백산, 점봉산), 경기(소요산, 용문산), 인천(덕적도)

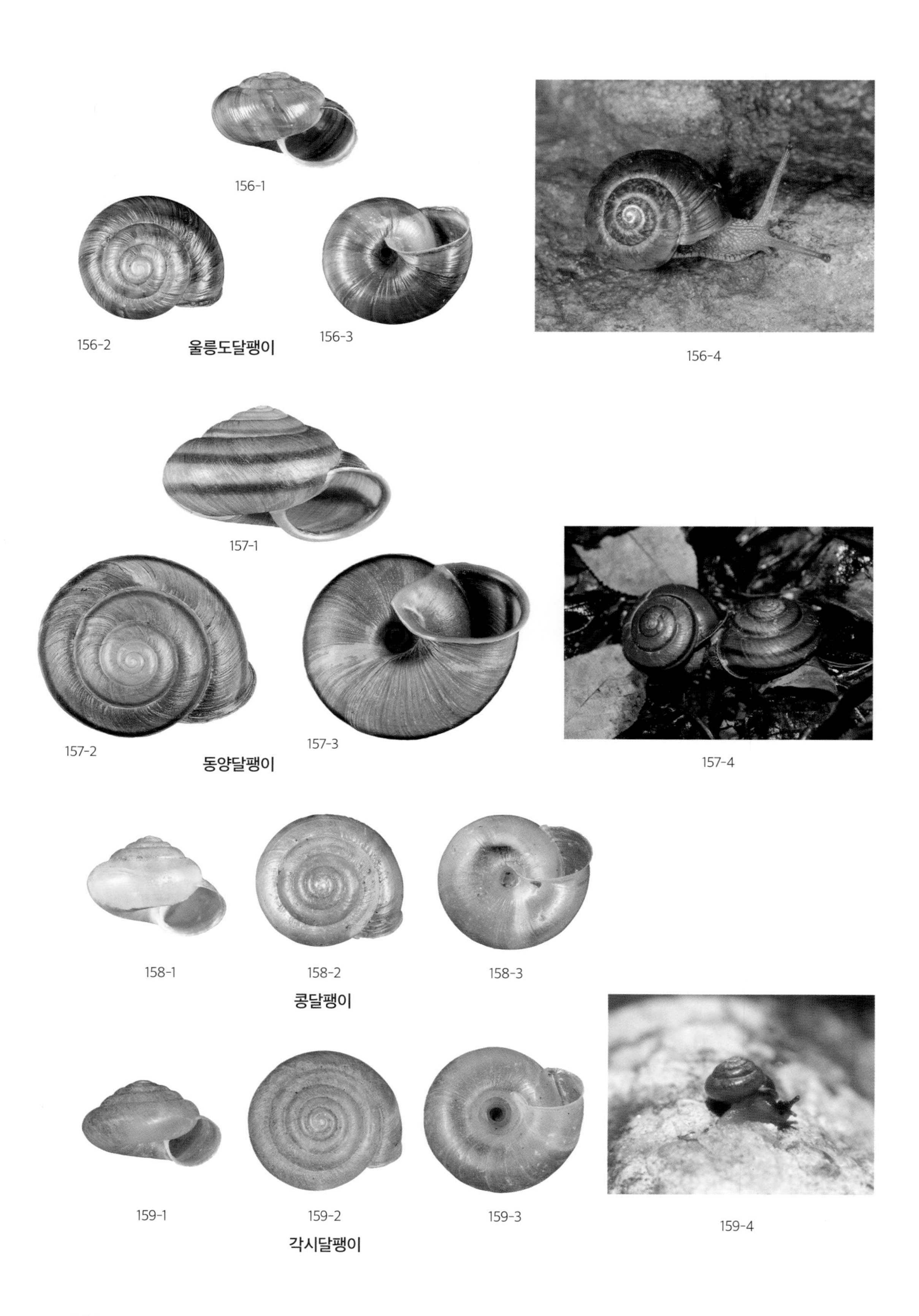

울릉도달팽이

동양달팽이

콩달팽이

각시달팽이

156. 울릉도달팽이 *Karaftohelix adamsi* (Kuroda & Hukuda, 1944)

나층은 4.5층이고 체색은 적갈색 또는 황갈색이다. 체층 주연에 둔한 각이 있고 그 각을 따라 한 줄의 진한 적갈색 띠가 체층을 두르고 있다. 굵은 성장맥이 패각 전체에 나 있다. 제공은 좁고 깊으며 각구는 경사져 있고 저순 부위가 편평한 난형이며 약간 퍼진다. 한국 특산종이며 울릉도가 모식 산지이다. 환경부 멸종위기 야생생물(2급)로 지정되어 있다.

- 크 기: 각고 9mm, 각경 14mm
- 채집지: 경북(울릉도)

157. 동양달팽이 *Nesiohelix samarangae* Kuroda & Miyanaga, 1943

국내 육산패류 중 가장 대형으로 한국 육산패류의 대표종이다. 나층은 5.5층이며 패각은 황갈색으로 두껍고 단단한 편이며 불규칙하고 미세한 성장맥이 나타난다. 적갈색의 색대는 0234형이다. 제공은 크고 깊으며 각구는 반월형이고 외순은 두꺼워져서 뒤로 젖혀진다. 성체가 되기 전에는 각구가 예리하고 젖혀지지도 않는다. 산 속 음지의 바위나 낙엽이 많은 곳, 돌무덤 등지에 서식한다. 한국 특산종으로 현재의 문경시로 추정되는 경상북도 '개경(開慶)'이 모식 산지로 알려져 있다.

- 크 기: 각고 34mm, 각경 42mm
- 채집지: 인천(백령도), 강원(평창 미탄면), 충남(가의도), 전남(지리산, 쌍계사, 흑산도), 제주도

158. 콩달팽이 *Trishoplita pumilio* (Pilsbry & Hirase, 1909)

나층은 5.5층이다. 껍질은 황갈색으로 광택이 난다. 체층은 각이 없고 봉합은 깊어 각 체층이 둥글다. 각구는 반월형이고 외순은 두꺼워지지 않으나 약간 밖으로 퍼진다. 제공이 좁고 깊다. 전국적으로 분포하나 주로 남부 지방에 많다. 『원색한국패류도감』(Kwon *et al.*, 1993)에는 '공주달팽이'로 기록되어 있다. 한국 특산종으로 부산이 모식 산지이다.

- 크 기: 각고 5.5mm, 각경 8mm
- 채집지: 강원(오대산, 평창 미탄면), 부산, 전남(여수, 거문도, 완도, 진도), 제주도

159. 각시달팽이 *Trishoplita ottoi* (Pilsbry, 1926)

나층은 5층으로 나탑이 높은 편이고 각피는 옅은 회갈색으로 체층이 크고 거친 성장맥이 있으며 주연에 둔한 각이 있다. 제공은 좁고 깊다. 각구는 예리하고 반달 모양이며 활층이 있다. 관목림 아래의 낙엽 밑에 서식한다. 『원색한국패류도감』(Kwon *et al.*, 1993)에는 '오토이공주달팽이'로 기록되어 있다. 한국 특산종으로 부산이 모식 산지이다. 주로 남부 지방에 분포한다.

- 크 기: 각고 4mm, 각경 5mm
- 채집지: 강원(대성산, 오봉산, 소백산, 사명산), 전남(거문도), 경남(거제도), 울산, 경북(울진)

160-1

160-2

160-3

160-4

거제외줄달팽이

161-1

작은뾰족민달팽이

외줄달팽이과 Family Camaenidae

패각의 크기는 중대형이고 형태는 둥근 원추형이다. 각표는 매끈하다. 체층은 크고 주연은 둥글며 제공은 좁고 닫혀 있기도 한다. 체층은 둥글고 주연과 차체층에 가는 적갈색 띠가 있다. 아시아 동부 열대 지역과 호주에 분포하는 남방계 종이다. 현재까지 국내에 Kwon & Habe(1980)에 의하여 1속 1종이 알려져 있다.

160. 거제외줄달팽이 *Satsuma myomphala* (Martens, 1865)

나층은 6.5층이다. 패각은 황갈색이고 체층이 크고 둥글다. 적갈색의 색대가 있는데 체층 중앙에서 시작하여 차체층에서는 봉합 위로 이어진다. 봉합은 얕고 가는 성장맥이 비스듬히 있으며 제공은 축순 근방에서 닫힌다. 각구는 반월형으로 넓고 축순 부위가 젖혀진다. 거제도의 바닷가에 인접한 숲속에 서식한다. Kwon & Habe(1980)에는 채집지가 거문도로 표기되어 있으나 거제도의 오기로 본다. 2018년 환경부 멸종위기 야생생물(2급)로 지정되었다.

- 크 기: 각고 27mm, 각경 37mm
- 채집지: 경남(거제도)

작은뾰족민달팽이과 Family Agriolimacidae

작은뾰족민달팽이과(Family Agriolimacidae)는 세계적으로 130여종이 기록되어 있는 비교적 대단위 분류군이다. 크기는 소형에서 중소형이다. 꼬리 등 면에는 용골 모양의 능각을 이루며, 외투막 속에 패각의 흔적이 남아 있다. 국내에는 유럽에서 유입된 작은뾰족민달팽이(*Deroceras reticulatum*) 1종이 서식한다. 대부분의 종이 유럽이 원산지로 서식지는 산지형이 아닌 경작지 주변에 주로 출현하며, 농작물에 피해를 주는 해패인 경우가 대부분이다.

161. 작은뾰족민달팽이 *Deroceras reticulatum* (Müller, 1774)

국내 민달팽이류 중에서 가장 소형이다. 체색은 회갈색 또는 검은색이다. 꼬리 끝에 작은 용골 모양의 능각이 있다. 등쪽(머리쪽)에 낮은 삿갓 모양의 외투막이 있고 그 속에 렌즈 모양의 투명한 패각이 있다. 밭가, 정원, 온실, 농수로의 벽 등에 서식한다. 전국적으로 분포하며 작물에 해를 끼친다.

- 크 기: 체장 25mm, 체폭 5mm
- 채집지: 전국에 분포

162-1

162-2

노랑뾰족민달팽이

163-1

163-2

두줄민달팽이

뾰족민달팽이과 Family Limacidae

패각은 퇴화되어 머리 부분에 흔적기관으로 남아 있다. 유럽과 북아메리카 등지에 분포하며 외투막이 머리 부분만 덮고 있고 꼬리 부분에 능각이 있다. 국내에서 발견되는 뾰족달팽이과(Limacidae)는 모두 유럽에서 유입된 외래종이다. 외투막의 오른쪽에 호흡공이 있는데, 호흡공이 외투막 길이의 반(세로로)보다 앞에 있으면 Arionidae, 뒤쪽에 있으면 Limacidae로 분류하는데 국내 유입 종은 모두 후자에 속한다.

162. 노랑뾰족민달팽이 *Limax flavus* Linnaeus, 1758

외국에서 유입된 민달팽이류 중에서 가장 대형종이다. 체색은 회갈색 바탕에 노란색의 불규칙한 무늬가 나타난다. 남부 지방의 인가 주변에 주로 출현한다. 농작물에 대한 피해는 아직 잘 알려지지 않았다.

- 크　기: 체장 140mm, 체폭 15mm
- 채집지: 경남(밀양)

163. 두줄민달팽이 *Lehmannia marginata* Müller, 1774

체색은 짙은 갈색이고 외투막은 머리 쪽에만 있다. 머리에서 꼬리까지 2줄의 검은색 띠가 나타난다. 꼬리 끝에는 능각이 있다. 인가 주변의 건조한 녹지대나 돌 밑에 서식한다. 유럽이 원산지인 외래종이다. 국내에 전국적으로 분포한다. 본 종은 민달팽이류(slug)이므로 국명 '두줄달팽이'(Choe & Park, 1997)에서 '두줄민달팽이'로 변경되었다.

- 크　기: 체장 50mm, 체폭 6mm
- 채집지: 강원(춘천), 경북(울릉도), 전남(함평, 완도), 제주도

민달팽이과 Family Philomycidae

크기는 중대형이고 패각이 완전히 퇴화해 외투막이 몸 전체를 덮고 있다. 꼬리 끝에 용골 모양의 능각이 없다. 동양이 원산지인 국내 자생종이다. 국내에 1속 2종이 기록되어 있으나 이 외의 종이 서식할 것으로 여겨진다. 일반적으로 3줄의 흑색 띠가 있으며 발바닥은 회백색이다.

164-1

164-2

민달팽이

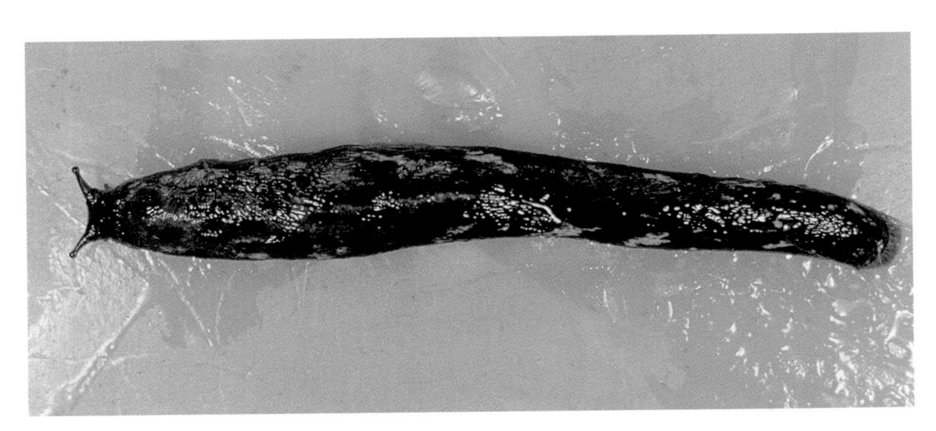

165-1

165-2

산민달팽이

164. 민달팽이 *Meghimatium bilineatum* (Benson, 1842)

외투막은 적갈색 바탕에 머리에서 꼬리까지 3줄의 흑색 띠가 뻗어 있는데 몸 양 측면에 1줄씩, 등 가운데 1줄이 체축을 따라 나타난다. 검은 점이 전신에 불규칙하게 분포한다. 아래의 발 부분은 회백색이고 호흡공은 앞쪽의 오른쪽에 열려 있다. 산지성이나 인가 근처의 경작지에도 자주 출현하여 밭작물에 해를 끼친다. 전국적으로 분포한다. 중국이 원산지이다.

- 크　기: 체장 50mm, 체폭 10mm
- 채집지: 인천(덕적도), 강원(춘천), 전남(홍도, 흑산도), 전북(내장산), 제주도

165. 산민달팽이 *Meghimatium fruhstorferi* (Collinge, 1901)

대형종으로 등 중앙에 검은 반점이 머리에서 꼬리까지 뻗어 있고, 양 측면에 구름 모양의 무늬가 나타난다. 유패의 체색은 회갈색으로 등 면에 검은 반점이 뚜렷하게 나타난다. 성패가 되면서 검은색으로 변하여 등 면의 점은 잘 보이지 않는다. 머리의 오른쪽에 호흡공과 산란구가 있다. 산지성으로 숲 속에 서식한다. 일본 대마도가 원산지이다.

- 크　기: 체장 150mm, 체폭 20mm
- 채집지: 전북(내장산), 인천(덕적도), 강원(춘천), 제주도

이매패강

Class BIVALVIA

166-1

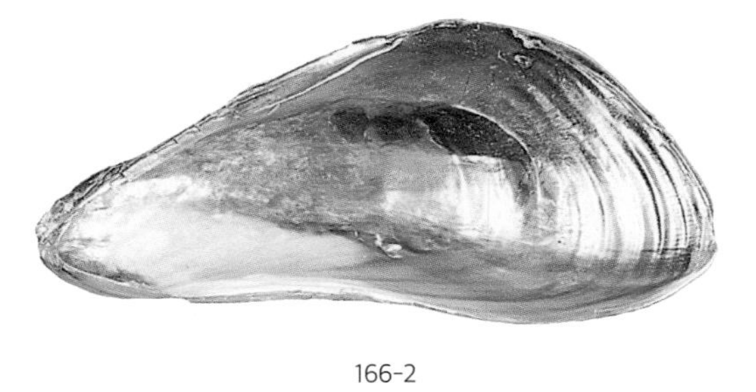

166-2

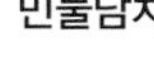

민물담치

167-1

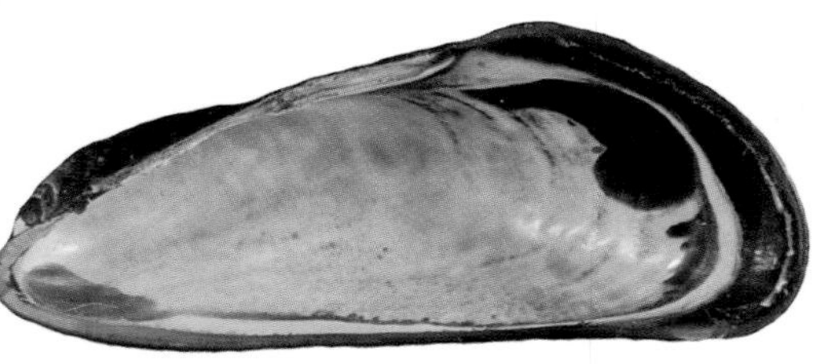

167-2

바다살이민물담치

167-3

홍합과 Family Mytilidae

홍합과(Mytilidae)의 패류는 대부분이 해산종이고 족사를 이용하여 부착생활을 하는 정착성 연체동물이다. 패각은 소형에서 대형으로 다양하고 좌우 패각은 대칭적이지만 태각은 대부분 패각 앞쪽 끝부분에 위치하며 태각이 있는 앞쪽은 뾰족하고 뒤쪽은 넓게 퍼져 대부분 삼각형을 이룬다. 국내에는 유일하게 민물담치(*Limnoperna fortunei*) 1종이 담수 환경에 서식한다. 한편 국내 기수 지역에서 발견되는 바다살이민물담치(*Xenotrobus securis*)는 호주와 뉴질랜드가 원산지로, 유럽과 일본을 비롯한 동북아시아로 침입한 외래종이다. 중국과 일본은 30여 년 전에 이미 유입되어 사회적으로 문제를 일으키고 있다. 국내에서는 동해안 중북부 지역의 해안으로 유입되는 하천 하류와 기수호에서 나타나며 해안으로 밀려난 많은 양의 껍질이 바닷가에서 발견되고 있다. 정확하게 언제 어떠한 경로로 국내에 유입되었는지는 알 수 없으나 일본에서 해류를 따라 동해안으로 유입된 것으로 추정된다.

166. 민물담치 *Limnoperna fortunei* (Dunker, 1857)

태각은 패각의 좁은 앞쪽 끝부분에 치우쳐 있고, 패각 뒷부분은 차츰 넓어지며 아래로 굽어진다. 패각의 중앙 부분이 둔한 능각으로 부풀어 각폭이 넓지만 뒤쪽으로 가면서 점차 얇아진다. 껍질은 매끈하고 광택이 나는 황갈색이며 패각 내면은 보라색 진주광택이 난다. 패각 표면에 성장맥이 뚜렷하며 인대가 있고 교치는 없다. 보통 물 흐름이 빠른 담수역의 바위나 잔돌 등에 족사로 부착하여 집단적으로 밀생한다. 용수 취수구 내면에 증식하여 취수량을 감소시키는 원인이 되기도 한다.

- 크 기: 각고 17mm, 각장 39mm
- 채집지: 임진강, 한강, 금강, 영산강, 섬진강, 낙동강

167. 바다살이민물담치 *Xenotrobus securis* (Lamarck, 1819)

형태는 태각에서 뒤쪽 배선 밑으로 둔한 능각이 흐르고 뒤쪽 배선은 둥글며 배선 중앙부는 수평이거나 약간 만입한다. 해수의 영향을 받는 하구나 조간대의 모래흙 바닥이나 암벽 같은 곳에 여러 개체가 서로 뭉쳐서 부착하고 있다. 국내에서는 Kwon 등(2001)이 화진포호에서 발견하여 *Limnoperna fortunei kikuchii* Habe, 1981로 처음 소개하였고, 후에 *Xenotrobus securis*의 동종이명으로 정리되었다. 동일 속의 왜홍합(*X. atrata*)은 바다살이민물담치와 가장 유사한 종으로, 해안가 조간대 암반에 부착하여 서식하는 해산성 패류이다.

- 크 기: 각고 13mm, 각장 34mm
- 채집지: 강원(화진포호, 양양)

168-1

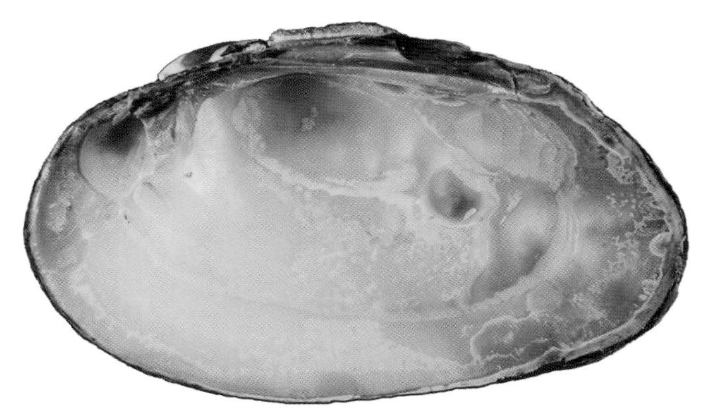

168-2

부채두드럭조개

석패과 Family Unionidae

석패목(Unionoida)의 패류는 전 세계의 담수역에 분포하는 대표적인 담수산 이매패류로 하상이 진흙이나 모래 또는 자갈로 이루어진 호수나 하천의 중하류 지역에 주로 서식한다. 크기는 중형에서 대형이며 패각은 두껍고 단단하여 산업용이나 공예용 소재로 이용되어 왔다. 석패목은 Unionoidea(석패상과)와 Muteloidea로 나뉘며 석패상과의 석패과(Unionidae)는 다시 Unioninae, Ambleminae, Anodontinae, Hyriinae, Lampsilinae, Alassmodontinae 등 6개 아과(Hass, 1969)로 구분되다가 Habe(1977)가 새로이 Hyriopsinae를 추가하면서 현재 7개 아과로 구성된다. 국내의 석패과는 석패아과(Unioninae), 두드럭조개아과(Ambleminae), 대칭이아과(Anodontinae), 귀이빨대칭이아과(Hyriopsinae) 등 4개 아과에 10속 12여 종이 있다.
석패상과는 주로 동남아시아와 호주, 남북 아메리카 등지에 분포하며, Muteloidea는 아프리카와 인도, 중앙아메리카와 남아메리카 등지에 분포한다. 이미 멸종했거나 현존하는 석패상과의 종수는 대략 1,000여 종으로 추산하는데(Bauer, 2001) 북아메리카 지역이 약 286종으로 가장 다양하게 나타난다(Turgeon *et al.*, 1998). 석패과의 패류는 모두 담수산이며 호수나 강, 하천의 하상이 진흙이나 모래, 또는 자갈 층에서 발견되며 모두 암수딴몸이다. 수컷은 외투강 속의 정자를 출수관을 통해 분출하고 암컷은 입수관을 통해 정자를 받아들인다. 수정된 알은 아가미로 이동되고 그곳에서 성숙하여 첫 번째 유생단계인 글로키디움(glochidium)으로 발생한다. 이 글로키디움은 암컷의 보육낭에서 방출되어 숙주 어류의 아가미나 지느러미에 부착한다. 부착된 글로키디움은 한 달 정도 체외 기생 생활을 거친 후 이탈하여 유패로 성장한다.

석패과(Unionidae)의 아과(subfamily) 검색표

1. 껍질은 두껍고 의주치와 측치가 발달한다. ············► 2
1. 껍질은 얇고 의주치와 측치가 발달하지 않는다. ············► 3
2. 패각의 크기는 중형이고 교판이 좁다. ············► 석패아과(Unioninae)
2. 패각의 크기는 중형에서 대형이고 교판이 넓고 강하다. ···► 두드럭조개아과(Ambleminae)
3. 패각은 대형이고 오로지 측치만 발달한다. ·········► 귀이빨대칭이아과(Hyriopsinae)
3. 패각은 중형이고 교치가 없다. ············► 대칭이아과(Anodontinae)

168. 부채두드럭조개 *Inversiunio verrusosus* Kondo, Yang & Choi, 2007

전라남도 섬진강에서 채집되어 최근 Kondo 등(2007)이 신종으로 보고한 종이다. 패각은 두껍

169-1

169-2

칼조개

170-1

170-2

도끼조개

고 둥근 타원형이며 패각 전면에 작지 않은 돌기가 퍼져 있다. 말조개(*Unio douglasiae*)와 비교하여 각고가 높고 패각이 두꺼우며 돌기가 패각 전체에 퍼져 있는 차이가 있다.

- 크　기: 각장 50mm, 각고 32mm
- 채집지: 전북(임실)

169. 칼조개 *Lanceolaria grayana* (Lea, 1834)

패각은 중대형으로 칼 모양이며 각장이 200mm가 넘는 경우도 있다. 태각은 앞쪽으로 치우쳐 있고 뒤쪽으로는 길고 점차 좁아져서 뾰족하게 칼끝 모양을 이룬다. 태각에서 뒤쪽으로 굵은 능각이 나타나며 세로로 짧은 종륵이 있다. 배 면 중앙은 약간 함몰한다. 유패 때는 껍질 바탕이 옅은 녹색을 띠다가 성패가 되면 흑갈색이 된다. 성장맥이 뚜렷하다. 주치는 좌우에 2개씩 있으며 좌각의 것은 두 개가 모두 크나 우각은 앞의 것이 퇴화되어 작다. 패각 등쪽을 따라 길게 신장된 측치가 좌각에 2줄, 우각에 1줄 나타난다. 강이나 호수의 모래가 섞인 수심이 깊은 곳에 서식한다. 전국적으로 분포하지만 출현 빈도는 낮다.

- 크　기: 각장 88mm, 각고 23mm
- 채집지: 강원(의암호), 한강, 북한강, 낙동강, 금강

170. 도끼조개 *Solenaia triangularis* (Heude, 1885)

패각은 중소형으로 각피는 짙은 갈색이며 태각은 앞쪽으로 상당히 치우쳐 있고 앞쪽은 좁고 뒤쪽으로 가면서 넓어졌다가 아래 끝은 다시 좁아진다. 배 면 중앙 부분이 약간 만입하여 전체적으로 도끼 모양이다. 패각은 얇은 편이다. 태각은 침식되어 진주층이 노출되며 내면은 강한 진주광택을 띤다. 성장맥은 다소 불규칙적이다. 교치는 없다. 국내 중북부 하천의 수질이 양호하고 유속이 빠른 강의 모래 바닥이나 돌 틈에 서식한다. 출현 개체수가 적고 서식지가 감소하여 보호가 필요하다. 환경부 보호야생생물로 지정되어 있다.

- 크　기: 각장 60mm, 각고 30mm
- 채집지: 경기(임진강), 강원(남한강, 동강), 금강, 섬진강

대칭이아과　Subfamily Anodontinae

좌우 패각은 대칭이고 크기는 중형에서 대형이다. 형태는 타원형 또는 난형이며 태각은 대부분 앞쪽을 향하고 돌출하지 않는다. 패각은 얇고 단단하지 않아 마르면 쉽게 갈라지거나 부스러진다. 국내에 서식하는 대칭이아과는 대칭이속(*Anodonta*)의 3종이 기록되어 있다. 하천 중·하류의 펄 바닥에 서식한다.

171-1

대칭이

171-2

172-1

작은대칭이

172-2

대칭이아과 대칭이속(*Anodonta*) 종 검색표

1. 패각은 중형이고 각정은 비교적 패각 등 면의 가운데 위치하고 등 면은 배 면과 평행하다. ··➤ 2

1. 패각은 중형에서 대형이고 등 면은 사선으로 기울며 뒤쪽 등 면에 판상의 돌출물이 나타난다. ···➤ 펄조개 *A. woodiana*

2. 각고가 낮다. 배 면 가장자리는 직선적이며 등 면 가장자리와 평행을 이룬다. ··········· ··➤ 대칭이 *A. arcaeformis*

2. 각고가 높다. 배 면 가장자리는 둥글며 뒤쪽 끝은 둥글지 않고 각을 이룬다. ·············· ··➤ 작은대칭이 *A. arcaeformis flavotincta*

171. 대칭이 *Anodonta arcaeformis* Heude, 1877

패각은 중대형으로 양 패각은 대칭을 이루고 껍질은 얇아 잘 부스러진다. 패각은 배 면부터 부풀어 있고 앞쪽과 뒤쪽이 길게 뻗은 타원형이다. 패각의 앞쪽 가장자리는 뒤쪽보다 둥글며 배 면은 비교적 곧아 등 면과 평행을 이룬다. 패각 표면의 각피는 녹갈색 또는 흑갈색을 띠고 매끄럽다. 태각은 인대 위치보다 높으며 패각 등 면 중앙에서 약간 앞쪽에 위치한다. 인대는 태각 뒤쪽에 있으며 광택이 나는 밝은 갈색으로 원통형이다. 패각 내면의 진주광택은 강하지 않다. 양 패각을 맞물리게 하는 교치는 없다. 폐각근흔은 뒤쪽이 앞쪽보다 크며 외투막흔은 뚜렷하고 만입하지 않는다. 발생할 때는 바깥쪽 아가미를 보육낭으로 이용한다. 글로키디움 유생은 둥근 삼각형이며 갈고리가 있다. 주 서식처는 강이나 호수, 하천 중·하류의 진흙 펄 바닥이다. 본래 국명은 '흐린뻘조개'이었으나, 권(1990)이 '대칭이'로 변경하였다.

- 크　기: 각장 128mm, 각고 68mm
- 채집지: 강원(경포호, 삼척 초당천), 경남(섬진강, 낙동강), 전남(탐진강)

172. 작은대칭이 *Anodonta arcaeformis flavotincta* (Martens, 1905)

작은대칭이는 대칭이(*A. arcaeformis*)의 아종으로 형태는 유사하지만 대칭이에 비하여 태각이 낮아 돌출하지 않으며 패각이 거칠고 태각에서 뒤쪽으로 2-3개의 거친 능각이 뻗는다. 크기는 대칭이보다 작은 편이다. 각피는 녹색이 도는 흑갈색을 띠며 껍질은 연하고 마르면 잘 부스러진다. 태각은 앞쪽으로 약간 치우치고 성장맥이 대칭이보다 덜 뚜렷하며 거친 편이다. 패각은 등선과 배선의 폭이 일정치 않은(평행하지 않은) 난원형으로 앞쪽보다 뒤쪽의 폭이 넓다. 뒤쪽

펄조개

에 2줄의 짧은 능각이 성장맥과 교차하여 거친 돌기물을 형성한다. 교치는 없다. 패각 내면은 진주광택을 띤다. 하천이나 호수의 진흙이나 모래가 섞인 흙에 서식한다. 전국에 분포하나 주로 중·북부 지방의 하천과 호수에서 관찰된다. 원래 국명은 '노랑뻘조개'이었으나 권(1990)이 '작은대칭이'로 변경하였다. 작은대칭이는 충청남도 공주가 모식 산지인 한국 특산아종이다.

• 크　기: 각장 105mm, 각고 65mm
• 채집지: 강원(의암호), 경기(청평호)

173. 펄조개 *Anodonta woodiana* (Lea, 1834)

지리적인 형태 변이가 심하여 동종이명이 60여 개에 이른다(Hass, 1969). 국내에 서식하는 펄조개의 크기는 중대형으로 양 패각은 대칭을 이루고 대칭이보다 두껍지만 잘 부스러진다. 형태는 난형으로 등 면은 뒤쪽이 높은 직선 상태의 경사를 이루어 전체적으로 둥근 삼각형을 이룬다. 패각 앞쪽 가장자리는 둥글며 배 면부터 잘 부풀어 있다. 둔한 능각이 태각에서 뒤쪽 방향으로 뻗어 있으며 1-3개 이상의 약한 방사륵이 뒤쪽 등 면에 나타난다. 어린 시기의 패각 표면은 매끄러우나 성숙한 성패는 패각이 거칠고 성장륵도 간격이 불규칙하게 나타난다. 각피는 얇고 녹갈색에서 흑갈색으로 광택이 있으며 초록색 색대가 태각에서 배 면으로 뻗는데, 유패 시기에는 더욱 뚜렷하다. 외부의 인대는 태각 뒤에 위치하고 밝은 갈색으로 윤이 나며 원통형이다. 패각 내면은 밝은 진주광택이 나고 교판에는 교치가 없다. 앞쪽 폐각근흔은 난형이며 뒤쪽 폐각근흔은 반달 모양이며 외투선은 뚜렷하고 만입하지 않는다. 주 서식처는 호수나 강, 하천 중·상류의 진흙 펄 바닥이다. 중국, 일본, 한국에 분포하는 동북아시아 특산종이다.

• 크　기: 각장 135mm, 각고 98mm
• 채집지: 강원(의암호), 경기(팔당호, 청평호)

귀이빨대칭이아과 Subfamily Hyriopsinae

좌우 패각은 대칭이고 크기는 대형이다. 형태는 난형이며 태각을 중심으로 등쪽 가장자리에 판상의 날개 모양 돌기물이 발달하는데 유패 시기에 특히 발달이 두드러지고 성패가 되면 마모된다. 귀이빨대칭이속(*Cristaria*)은 원래 대칭이아과(Anodontina)에 속하였으나, Habe(1977)는 유패 시기에 패각 뒤쪽 등 면에 발달된 판상 날개 돌기물을 갖는 공통 특징이 있는 *Hyriopsis*, *Cristaria*, *Pleyholophus*, *Lepidodesma* 4개 속을 묶어 새로운 귀이빨대칭이아과(Hyriopsinae)에 편입하였다. 국내에 귀이빨대칭이아과는 현재까지 귀이빨대칭이(*Cristaria plicata*) 1종이 서식하고 있다. Chung(2003)은 *Hyriopsis cumingii* (Lea, 1852)를 국내 서식종으로 기록하고 있으나 제시된 사진은 귀이빨대칭이(*C. plicata*)의 유패이다. 또한 귀이빨대칭이로 소개한 사진은 펄조개(*A. woodiana*)이다.

174-1

174-2

174-3 유패

귀이빨대칭이

174. 귀이빨대칭이 *Cristaria plicata* (Leach, 1815)

국내 최대의 담수산 이매패류로 성패는 각경 300mm, 각고 180mm, 각폭 95mm에 이른다. 양 패각은 대칭이고 각질은 비교적 얇으나 단단한 편이다. 패각의 부풀음은 배 면에서 등 면 방향으로 중앙 이후에서 시작한다. 어린 개체는 앞쪽과 뒤쪽에 발달된 판상의 날개 모양 구조물이 있는데 앞쪽이 뒤쪽보다 작다. 성장한 성패는 앞쪽 판상 구조물은 마모되고 뒤쪽 등 면에만 높게 돌출하여 남아 있다. 패각 뒤쪽 경사는 완만하고 가장자리는 둥글며 2줄의 주름이 나타난다. 배 면은 직선적이고 앞·뒤쪽 가장자리와는 둥글게 연결된다. 성패의 각피는 얇고 녹갈색에서 흑갈색 또는 거의 검은색을 띠고, 유패는 짙은 갈색의 방사대가 나타난다. 교판은 좁고 주치는 없으며 긴 측치가 발달하는데 왼쪽 패각에는 2열로, 오른쪽에는 1열로 나타난다. 글로키디움 유생의 형태는 둥근 삼각형이며, 방출은 겨울에 이루어지는 것으로 추정된다. 환경부 멸종위기 야생생물(1급)로 지정되어 있다.

- 크　기: 각장 180mm, 각고 130mm
- 채집지: 경남(우포늪, 김해 수로), 충남(아산호)

두드럭조개아과 Subfamily Ambleminae

패각은 좌우대칭이고 크기는 중대형이다. 형태는 둥근 원형 또는 타원형이고 껍질은 매우 두껍고 단단하다. 태각은 대부분 마모되어 동심원 모양의 나맥이 나타난다. 국내에 두드럭조개아과의 두드럭조개속(*Lamprotula*)은 두드럭조개(*L. coreana*)와 곳체두드럭조개(*L. leai*)와 빗두드럭조개(*L. microsticta*)가 기록되어 있으나 두드럭조개와 곳체두드럭조개 2종만 서식이 확인되고 있다. Kondo 등(2007)이 신종으로 발표한 민납작조개(*Pletholophus seomjinensis*)는 곳체두드럭조개의 변이종으로 본다.

두드럭조개아과 두드럭조개속(*Lamprotula*) 종 검색표

1. 패각은 둥글고 측치는 둥글게 휘어 있다. ························► 두드럭조개 *L. coreana*
1. 패각은 앞뒤로 긴 타원형이고 측치는 직선형이다. ···········► 곳체두드럭조개 *L. leai*

175-1 175-2

두드럭조개

176-1

176-2

176-3

곳체두드럭조개

175. 두드럭조개 *Lamprotula coreana* (Martens, 1905)

패각은 중대형으로 둥글다. 담수 이매패류 중 패각이 가장 두껍고 단단하다. 각피는 황색 바탕에 흑갈색을 띠며 과립 모양의 굵은 돌기가 껍질의 뒤쪽에 특히 많이 나타난다. 태각은 앞쪽으로 치우쳐 있고 앞쪽 등선 아래는 직선상으로 배선에 연결된다. 패각 내면은 백색과 연한 자주색을 띤다. 교치는 좌각에 주치와 후측치가 각각 2개씩 있다. 우각에는 주치가 3개, 후측치가 1개 있다. 겨울에 글로키디움을 방출하는 동계 방출종이며 4개의 아가미 중 바깥쪽 2개를 글로키디움 유생을 위한 보육낭으로 사용한다(Choi & Choi, 1965). 과거에는 한강과 대동강과 금강에 서식한 기록(Shiba, 1934; Lee, 1956; Yoo, 1976)이 있으나 한강 집단은 1980년도 초반에 절멸한 것으로 보인다. 현재 남한 지역에서는 금강 수계의 일부 지역에서 발견되고 있다. 수심이 깊고 유속이 높은 잔돌 바닥에 서식한다. 환경부 멸종위기 야생생물(1급)로 지정되어 있다.

- 크　기: 각장 45mm, 각고 40mm
- 채집지: 한강(지역 절멸), 충북(금강)

176. 곳체두드럭조개 *Lamprotula leai* (Griffith & Pidgeon, 1834)

패각은 둥근 난형으로 각피는 흑갈색이다. 두드럭조개(*L. coreana*)와 비교하여 각고는 짧고 각장이 길어 약간 길쭉하며 패각이 얇고 각폭이 짧아 납작하다. 패각 중앙의 과립 모양의 돌기가 길쭉길쭉하고 성장맥이 가늘다. 패각 뒤쪽에 12개 정도의 종륵이 있고, 종륵 사이의 간격은 뒤로 가면서 넓어진다. 교치는 우각에 주치와 후측치가 각각 1개씩이고 좌각은 각각 2개씩이다. 패각의 내면은 옅은 진주광택이 난다. *L. gottschei* (Martens, 1894)는 본 종의 동종이명이다. 두드럭조개와 섞여 살며 서식지 감소로 출현 빈도가 낮다. 환경부 보호야생생물로 지정되어 있다.

- 크　기: 각장 69mm, 각고 44mm
- 채집지: 강원(동강, 북한강), 충북(금강)

석패아과　Subfamily Unioninae

석패아과(Unioninae)의 패각은 좌우대칭이고 크기는 중형에서 대형이다. 형태는 좌우로 긴 타원형 또는 버들잎 모양이고 껍질은 대부분 두껍고 단단하다. 태각은 대부분 마모되어 동심원 모양의 나맥이 나타난다. 석패아과의 담수패류는 4개의 아가미 중 바깥쪽 2개를 글로키디움(glochidium) 유생을 키우는 보육낭으로 사용한다. 국내에는 석패아과에 말조개속(*Unio*)의 종만 서식한다.

177-1

말조개

177-2

178-1

178-2

꼰줄말조개

179-1

179-2

작은말조개

177. 말조개 *Unio douglasiae* (Griffith & Pidgeon, 1834)

패각은 중형이며 두껍고 단단하며 흑갈색을 띤다. 태각은 앞쪽으로 치우쳐 있고 태각 부위에만 유패 시기의 작은 결절들이 나타난다. 성장맥이 뚜렷하고 적갈색의 인대도 뚜렷하게 나타난다. 껍질의 내면은 외투흔이 뚜렷하고 은백색의 광택이 난다. 주치와 후측치는 각각 우각에 1개, 좌각에 2개가 있다. 강이나 호수의 진흙이나 모래가 섞인 곳에 서식한다. Chung(2003)의 말조개는 작은말조개의 사진이다.

- 크　기: 각장 76mm, 각고 34mm
- 채집지: 전국의 하천 중하류, 호수, 저수지에 분포

178. 꼰줄말조개 *Unio pliculosus* Martens, 1894

패각은 중소형으로 껍질은 두껍다. 성장맥은 거칠고 뚜렷하다. 성패의 태각은 마모되어 진주층이 노출된다. 유패 또는 중패는 방사상 결절이 나타난다. 태각에서 뒤쪽으로 둔한 능각이 발달한다. 내면은 은빛의 진주광택이 나고 태각에서 뒤쪽으로 긴 후측치가 있다. 본 종은 말조개(*U. douglasiae*)의 변종으로 취급되기도 하였지만, 형태적인 차이가 많아 본 도감에서는 독립종으로 소개한다.

- 크　기: 각장 47mm, 각고 26mm
- 채집지: 전북(임실)

179. 작은말조개 *Unio sinuolatus* (Martens, 1905)

패각은 중소형으로 껍질이 얇으며 성장맥이 뚜렷하다. 패각 앞쪽은 황갈색이고 뒤쪽은 청록색을 띠며 연한 방사 줄무늬가 있기도 한다. 내면은 창백한 은빛의 진주광택이 난다. 태각은 돌기가 없고 마모되어 진주층이 노출되기도 한다. 좌각에 주치가 2개, 후측치가 2개이고 우각에는 주치가 1개, 후측치가 1개 나타난다. 말조개(*U. douglasiae*)와 형태가 유사하지만, 말조개는 하천의 중·하류 지역에 서식하고 작은말조개는 사니질에 잔자갈이 많은 중상류 지역에 주로 서식하는 차이를 보인다.

- 크　기: 각장 35mm, 각고 20mm
- 채집지: 강원(춘천호, 평창강, 동강), 경기(임진강), 섬진강

섬진강(하동)의 재첩 채취선(좌)과 일본재첩 패각(우)

재첩과 Family Cyrenidae

백합목(Order Venerida)은 현존하는 이매패류 종의 1/3 이상을 포함하는 매우 다양한 분류군으로 최소한 18개의 상과(Superfamily)로 구성되며 국내에도 31과 240여 종의 다양한 종류가 기록되어 있다(Lee, 2015). 백합목은 대부분 해산종이며 그중 재첩과(Cyrenidae)와 산골과(Sphaeriidae) 2개 과에 속하는 종들이 담수 또는 기수에 적응하였다. 재첩과의 담수패류는 한국을 비롯한 대부분 아시아 지역의 호수 및 하천의 담수 또는 기수역에 서식한다. 패각의 형태는 둥근 삼각형 또는 난삼각형의 다양한 형태를 보이며 발생학적으로 난생 또는 난태생을 하고(Kwon *et al*, 1987), 세포학적으로도 이배체 또는 삼배체 현상을 보이는(Okamoto & Arimoto, 1986; Park *et al*, 1989) 등의 생물학적 다양한 특징을 보이는 분류군이다.

국내 재첩과 패류는 Martens(1905)이 처음으로 4종을 기록한 이후 현재까지 9종이 기록되어 있으나(Lee, 2015), 국내 서식이 확인된 종은 모두 6종이다. 재첩과의 패류는 종 내 지리적 변이가 심하고, 종 간 형태적 차이는 크지 않으며, 더욱이 분류에 이용되는 형태 형질의 수가 적어 종 동정에 세심한 주위가 필요하다. 담수 또는 기수 지역의 모래 바닥에 서식한다. 패각의 형태는 둥근 삼각형이고, 껍질은 두껍거나 얇고 각피는 연한 광택이 나며 대부분 촘촘한 성장맥이 발달한다. 인대는 태각 뒤쪽에 길게 발달한다. 패각 안쪽의 주치는 3개이며 길게 발달한 전·후 측치는 조밀한 주름 모양이다. 패각 안쪽의 외투선은 대개 만입하지 않는다. 발생은 난생 또는 난태생을 한다.

재첩과 재첩속(*Corbicula*) 종 검색표

1. 주로 기수역에 서식하며 난태생이다. 표면은 매끄럽고 광택이 난다. ··················➤ 2

1. 담수역에 서식하며 난생이다. 표면은 거칠고 성장맥이 발달한다. ························➤ 4

2. 기수역에 서식한다. 성장맥은 약하고 각폭이 넓다. ·······································➤ 3

2. 담수역에 서식한다. 패각은 연한 초록색이고 표면에 고운 성장맥이 뚜렷하다. 각폭은 좁다. ···➤ 공주재첩 *C. colorata*

3. 각피는 광택이 나는 진한 갈색 또는 검은색을 띠며 유패는 방사상 무늬가 있다. ··➤ 일본재첩 *C. japonica*

3. 각피는 황갈색을 띠며 촘촘하고 규칙적인 성장맥이 있다. ······➤ 콩재첩 *C. fenouilliana*

4. 껍질은 두껍고 단단하며 성장륵이 뚜렷하다. ··➤ 5

4. 껍질은 얇으며 녹색이다. 성장륵은 약하다. ·························➤ 엷은재첩 *C. papyracea*

5. 패각은 노란색을 띠며 각폭이 넓고 주치와 측치 주변은 보라색을 띤다. ··➤ 재첩 *C. fluminea*

5. 껍질은 초록색을 띠며 각폭이 좁고 성장륵이 강하다. 패각 내면 전체가 보라색을 띤다. ··➤ 참재첩 *C. leana*

180-1

180-2

공주재첩

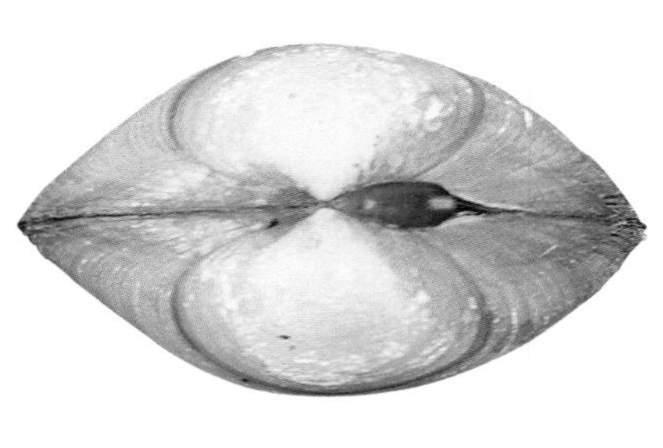

181-1

181-2

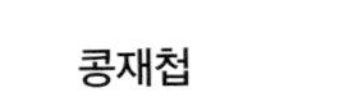

콩재첩

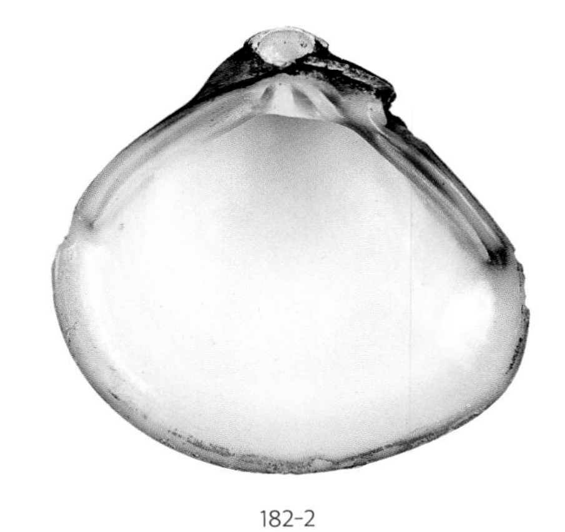

182-1

182-2

재첩

180. 공주재첩 *Corbicula colorata* (Martens, 1905)

패각은 중소형의 난삼각형이다. 껍질은 얇고 녹색을 띠며 사패는 황록색을 띤다. 태각은 중앙에 위치하며 인대는 태각 뒤에 길게 발달되어 있다. 앞쪽 등선은 직선상이고 뒤쪽 등선은 약간 둥글다가 수직으로 잘린 듯한 모습이다. 배선은 완만하게 둥글다. 패각 표면에는 고운 성장맥이 뚜렷하다. 패각 내면은 전체가 짙은 보라색이고 주치는 3개이고 전·후측치는 우각에 2개, 좌각에 1개가 있다. 외투선은 만입하지 않는다. 엷은재첩(*C. papyracea*)과 매우 유사하나 본종은 각고가 높아 삼각형이지만 엷은재첩은 둥근 타원형이며 성장맥이 곱고 규칙적이다.

- 크　기: 각장 29mm, 각고 24mm
- 채집지: 울산(태화강)

181. 콩재첩 *Corbicula fenouilliana* Heude, 1883

크기는 중형이고 삼각형이다. 껍질은 다소 두꺼우며 광택이 나는 황색의 각피에 덮여 있으며 뚜렷한 윤맥이 형성되고 규칙적이고 촘촘한 고운 성장맥이 있다. 태각은 각피가 마모되어 황백색을 띤다. 앞과 뒤 등선이 직선상이나 뒤쪽이 앞쪽보다 좁다. 패각 내면은 백색이고 수관구와 배선 부위는 연한 보라색을 띤다. 주치는 3개이고 가장 앞쪽의 주치는 흔적만 있다. 길고 좁은 판상의 측치가 발달하여 우각은 전·후측치가 2개씩, 좌각은 1개씩 나타난다. 전·후폐각근흔과 외흔이 뚜렷하다. 모래가 많은 곳에 서식하고 담수와 기수 지역에 분포한다. 한강 하류 해수의 영향을 받는 곳에 많았다는 기록이 있으나, 지금은 해수 유입 차단과 수중 환경 변화로 잘 관찰되지 않는다. 원래 국명은 '콩조개'였으나 재첩과의 국명을 일치시키기 위해 Kwon 등(1993)이 '콩재첩'으로 변경하였다.

- 크　기: 각장 35mm, 각고 30mm
- 채집지: 한강(광장리, 덕소, 행주)에 서식 기록이 있다.

182. 재첩 *Corbicula fluminea* (Müller, 1774)

패각은 중형의 삼각형이다. 각피는 광택이 있고 주로 황색 또는 황갈색이나 모래와 진흙이 혼합된 지역의 개체는 흑갈색을 띤다. 껍질은 두껍고 단단한 편이다. 성장맥이 뚜렷하고 태각은 거의 중앙에 위치하며 뒤쪽 등선에 비하여 앞쪽 등선의 경사가 완만하고 태각 주변은 특히 부풀어 팽배된 모습이다. 패각 내면의 측치 부분은 옅은 붉은 보라색을 띠고 중앙은 흰색을 띤다. 외투흔이 있다. 주치는 3개이고 전·후측치가 크고 두꺼우며 우각은 2개, 좌각은 1개가 나타난다.

- 크　기: 각장 34mm, 각고 30mm
- 채집지: 강원(의암호), 경기(양평 양수리)

183-1

183-2

183-3

일본재첩

184-1

184-2

참재첩

185-1

185-2

엷은재첩

183. 일본재첩 *Corbicula japonica* Prime, 1864

패각의 형태는 난삼각형이며 태각은 왼쪽으로 약간 치우쳐 있다. 주치는 왼쪽에 3개, 오른쪽에 2개가 나타나며 왼쪽 패각 주치의 끝부분은 약하게 양분되어 있다. 측치는 패각의 앞·뒤쪽 등면 길이의 3/4이상으로 길고 강하며 미세한 가로 홈이 연속되어 있다. 왼쪽 패각에는 각각 1개씩의 전·후측치가 있고, 오른쪽 패각에는 각각 2개씩 나타난다. 내면은 짙은 또는 옅은 보라색을 띠며 오래된 사패는 백색을 띤다. 각고에 비하여 각폭이 넓다. 외투흔이 있고 외투선은 만입하지 않는다. 인대가 발달했다. 기수역 및 기수호에 서식한다. 펄 지역에 서식하는 개체의 각피는 광택이 있는 검은색이며, 모래가 많은 지역에 서식하는 개체는 짙은 갈색에 방사상 띠가 있다. 특히 유패는 대부분 방사상 띠가 있다. 성장선은 뚜렷하며 촘촘하고 규칙적이다.

- 크　기: 각장 32mm, 각고 30mm
- 채집지: 강원(송지호, 매호, 고성 산북천, 양양 남대천, 낙풍천), 경북(형산강, 곡강천), 경남(하동, 낙동강 하구), 전북(장수강 하구), 전남(강진 백금포)

184. 참재첩 *Corbicula leana* Prime, 1864

패각은 중형이며 난삼각형이다. 각피는 연한 광택이 나며 황색 바탕에 연한 갈색을 띤다. 가끔 흑색 반점이 나타나기도 한다. 유패의 각피는 녹색을 띤 황색이다. 서식처는 다양하여 모래, 모래와 진흙이 혼합된 곳, 펄, 자갈밭 등에서도 나타난다. 모래, 모래와 진흙이 혼합된 곳, 펄 등에 서식하는 개체는 패각이 부풀어 있으나 자갈밭에 서식하는 개체는 납작하다. 성장맥이 높고 뚜렷하며 규칙적이다. 앞쪽 등선에 약한 능각이 나타난다. 내면은 백색 바탕에 보라색을 띠며 특히 성장선 부분에는 진한 보라색 띠를 형성한다. 마모된 태각 부분에도 보라색이 나타난다. 주치는 3개이고 전·후측치가 크고 두꺼우며 우각은 2열, 좌각은 1열로 나타난다. 재첩과(Cyrenidae)에서 형태적 변이가 가장 심하고 광범위한 분포를 보이며 수질오염에 대한 내성도 강한 편이다.

- 크　기: 각장 23mm, 각고 22mm
- 채집지: 한강, 강원(의암호, 북한강), 경기(임진강), 경남(황강, 섬진강, 낙동강)

185. 엷은재첩 *Corbicula papyracea* Heude, 1883

패각은 중소형의 타원형으로 앞·뒤쪽 등선이 완만히 둥글다. 껍질은 얇고 옅은 황갈색 바탕에 녹색을 띠고 있다. 각폭이 얇아 납작한 편이고 성장맥이 가늘며 폭이 좁아 조밀하다. 패각의 내면은 진한 보라색을 띤다. 공주재첩(*C. colorata*)과 유사하나 본 종은 소형의 타원형이고 공주재첩은 삼각형인 외형적 차이가 있다. 모래가 많은 진흙 바닥에 서식한다.

- 크　기: 각장 23mm, 각고 20mm
- 채집지: 강원(의암호), 금강

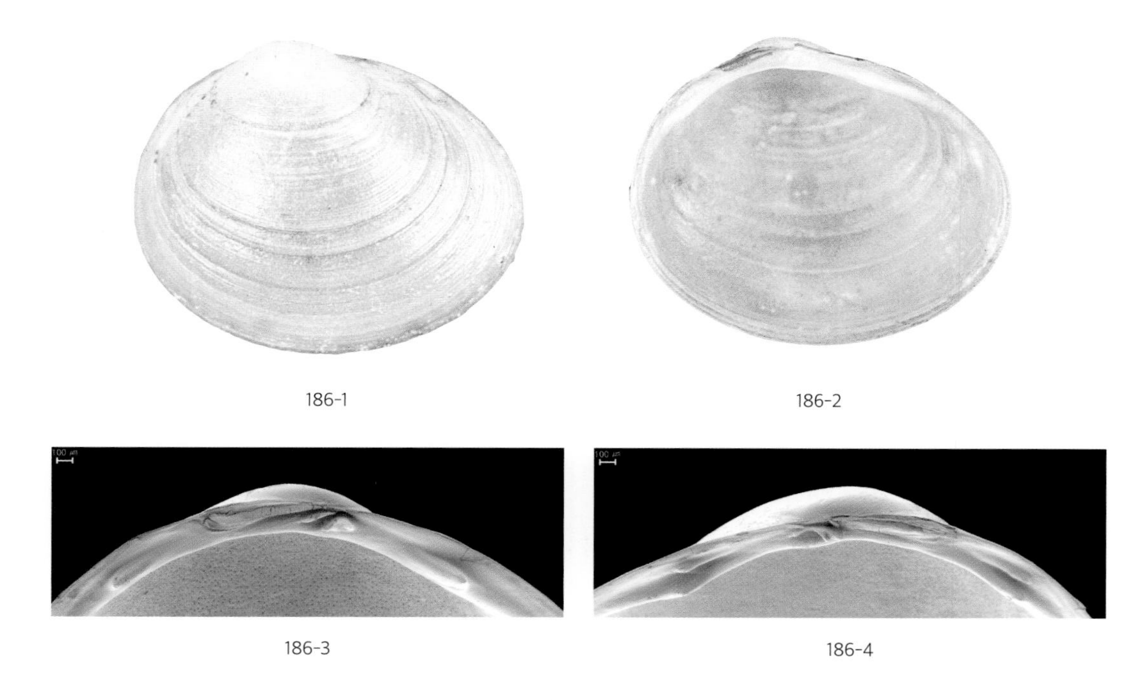

186-1

186-2

186-3

186-4

산골조개

186-5 서식지(고층 습지)

186-6

산골과 Family Sphaeriidae

패각의 크기는 소형이며 형태는 둥근 사각형 또는 삼각형이다. 껍질은 매우 얇고 평활하며 광택이 있다. 태각은 등 면 중앙 또는 약간 뒤쪽에 위치하며 돌출되어 있다. 인대는 태각 뒤쪽 후면에 위치한다. 교치는 약하다. 좌각에는 주치가 2개이고 전·후측치는 1개씩 있다. 우각에는 주치가 1개이고 전·후측치는 2개씩 있다. 외투선은 만입하지 않고 난태생이며 자웅동체이다. 한국산 산골과(Sphaeriidae) 패류는 일본 패류학자 Kuroda(1908)가 제주도에서 채집된 종을 *Sphaerium* sp.로 기록하면서 국내에 처음 소개되었다. 담수패로 고산습지와 용천수 주변의 진흙 바닥에 서식한다. 현재까지 한국산 산골조개류는 Lee와 Min(2002, 2005), Min 등(2004)에 의하여 1과 2속 1종 및 1 미동정 종이 기록되어 있었으나, Lee와 Lee(2008)가 미동정 1종을 재기재하여 현재 국내 산골과는 1과 2속 2종으로 정리되었다.

진산골아과 Subfamily Pisidiinae

진산골아과는 *Afropisidium*, *Euglesa*, *Pisidium* 등 3개의 속이 알려져 있고 그중 *Pisidium*은 세계적으로 200여 종이 기록되어 있다. 국내 출현종은 고산 습지 또는 산간의 용천수 등지에 출현한다.

186. 산골조개 ***Pisidium koreanum*** **Kwon, 1990**

형태는 각고가 각장에 90%에 이르지 못하는 난삼각형이다. 패각 표면은 미세한 성장륵이 뚜렷하며 그 사이에 가는 성장맥이 촘촘하게 나타난다. 패각은 약한 광택이 나는 연한 황색의 얇은 각피로 덮여 있다. 가끔 서식처의 퇴적물이 패각 표면에 부착하여 부분적으로 흑갈색을 띠기도 한다. 태각은 약간 뒤쪽에 위치하며 높게 돌출하지 않는다. 태각을 중심으로 등 면의 앞쪽은 길고 뒤쪽은 짧다. 앞쪽 가장자리는 뒤쪽 가장자리에 비해 뾰족하며, 뒤쪽 가장자리는 둥글다. 배 면은 둥글게 앞·뒤 가장자리와 연결된다. 주치와 전측치 사이의 교판의 폭은 좁고, 둥근 아치형을 이룬다. 연한 갈색의 인대는 주치의 오른쪽 끝에서 시작하여 그 폭이 점차 넓어지다가 후측치와 접하는 부분에서 끝난다. 인대의 길이는 각장의 1/4을 넘지 않는다. 패각 내면은 표면의 성장륵이 투시되고 미세한 요철로 거칠다. 앞쪽 폐각근흔은 긴 난형이며 뒤쪽 폐각근흔은 둥근 형태이고 외투선은 만입하지 않는다.

- 크 기: 각장 5.5mm, 각고 4.7mm
- 채집지: 강원(삽당령, 홍천 명개리, 용늪, 심적습지), 전남(왕등재습지)

187-1

187-2

삼각산골조개

188-1

188-2

188-3

쇄방사늑조개

산골아과 Subfamily Sphaeriinae

산골아과에는 *Musculium*, *Sphaerium*, *Calyculina* 등 3개의 속이 알려져 있다. 국내에는 *Musculium*에 속한 1종(*M. lacustre japonicum*)이 발견되고 있다. 산골아과의 종은 진산골아과의 종 보다 대형이며 태각이 돌출한다. 논 옆의 작은 도랑이나 연못 등 물이 정체되고 퇴적물이 많은 곳에 서식힌다.

187. 삼각산골조개 *Musculium lacustre japonicum* (Westerlund, 1883)

형태는 둥근 사각형으로 껍질은 얇고 마르면 잘 부스러진다. 각피는 회백색 또는 황백색이고 서식지에 따라 흑갈색을 띠기도 한다. 성장선은 짙은 갈색 띠로 뚜렷하게 나타난다. 태각은 패각 등 면의 거의 중앙에 위치하며 배꼽처럼 돌출하여 뚜렷하고 광택이 난다. 앞·뒤쪽 등 면은 일직선상이고 앞쪽과 뒤쪽 가장자리는 비스듬한 사선이며 뒤쪽 가장자리가 약간 가파르다. 배면 가장자리는 완민하게 둥글다. 패각 내면은 백색으로 광택이 난다. 주치는 좌각에 2개, 우각에 1개 있고 전·후측치는 모두 좌각에 2개, 우각에 1개씩 있다. 수초가 있는 진흙 바닥이나 농로, 수로 등지에 서식한다.

- 크　기: 각장 11mm, 각고 9mm
- 채집지: 강원(장릉저수지, 경포호)

쇄방사늑조개과 Family Corbulidae

국내 쇄방사늑조개과(Corbulidae) 연체동물은 대부분 해산종이다. 패각의 크기는 소형이고 형태는 낮은 삼각형이다. 양쪽 패각의 크기가 달라서 좌각에 우각이 끼여 있는 모습이다. 우각에는 상아 모양의 교치가 있고 그 뒤에 탄대받이가 있다. 외투선은 만입하지 않는다. 국내에 5종이 기록되어 있고(Lee, 2015), 그 중 쇄방사늑조개(*Potamocorbula ustulata ustulata*) 1종이 담수의 영향을 받는 기수역에 서식한다.

188. 쇄방사늑조개 *Potamocorbula ustulata ustulata* (Reeve, 1844)

패각은 중소형의 긴 난형이며 껍질은 두껍다. 좌각이 작고 우각이 크기 때문에 맞닿지 않아 우각이 좌각을 안고 있는 모습이다. 태각에서 뒤쪽으로 둥근 능각이 이어진다. 패각 표면은 암갈색의 각피로 덮여 있다. 패각 내면은 황백색이고 좌각에는 상아 모양의 이빨이 있다. 담수 영향을 받는 조간대나 기수호에 서식한다. '계화도조개'는 본 종의 국명 이명이다. 한국을 비롯한 동북아시아가 원산지로 국내 자생종으로는 유일하게 IUCN의 100대 악성 외래 침입종으로 알려져 있다.

- 크　기: 각장 25mm, 각고 18mm
- 채집지: 강원(송지호, 매호, 향호), 전남(계화도)

참고문헌

Adams A. 1861a. On some additional new Species of Pyramidellidae from the islands of Japan. *The Annals and magazine of natural history; zoology, botany, and geology*, ser. 3, vol. 7, no. 37, pp. 41-47.

Adams A. 1861b. On some new Species of *Eulima*, *Leiostraca* and *Cerithiopsis* from Japan. *The Annals and magazine of natural history; zoology, botany, and geology*, ser. 3, vol. 7, no. 38, pp. 125-131.

Adams A. 1861c. On a new Genus and some new Species of Pyramidellidae from the North of China. *The Annals and magazine of natural history; zoology, botany, and geology*, ser. 3, vol. 7, no. 40, pp. 295-299.

Adams A. 1861d. On some new Species of Mollusca from the North of China and Japan. *The Annals and magazine of natural history; zoology, botany, and geology*, ser. 3, vol. 8, no. 44, pp. 135-142.

Adams A. 1861e. On some new Genera and Species of Mollusca from the North of China and Japan. *The Annals and magazine of natural history; zoology, botany, and geology*, ser. 3, vol. 8, no. 45, pp. 239-246.

Adams A. 1861f. On some new Genera and Species of Mollusca from the North of China and Japan. *The Annals and magazine of natural history; zoology, botany, and geology*, ser. 3, vol. 8, no. 46, pp. 299-309.

Adams A. 1861g. On the Scalida or "Wentletraps"of the Sea of Japan; with Descriptions of some new Species. *The Annals and magazine of natural history; zoology, botany, and geology*, ser. 3, vol. 8, no. 48, pp. 479-484.

Adams A. 1867. Description of a New Species of shells from Japan. *Proceeding of the Zoological Society of London,* pp. 309-315.

Adams A. 1868a. On the species of Helicidae found in Japan. *The Annals and magazine of natural history; zoology, botany, and geology*, ser. 4, vol. 1, no. 6, pp. 459-472.

Adams A. 1868b. On the Species of Caecidae, Corbulidae, Volutidae, Cancellariidae and Patellidae found in Japan. *The Annals and magazine of natural history; zoology, botany, and geology*, ser. 4, vol. 2, no. 11, pp. 363-369.

Adams H. and Adams A. 1853. Monograph of *Plecotrema*, a new genus of Gastropodous mollusks, belonging to the Family Auriculidae, from specimens in the Collection of H. Cuming esq. *Proceeding of the Zoological Society of London*, pt. 21, pp. 120-122.

Adams H. and Adams A. 1854. Contributions towards the Natural History of the Auriculidae, a Family of Pulmoniferous Mollusca, with descriptions of many new Species from the Cumingan Collection. *Proceeding of the Zoological Society of London*, pt. 22, pp. 30-37.

Adams H. and Adams A. 1863. Descriptions of new species of shells, chiefly from the Cumingian collection. *Proceeding of the Zoological Society of London*, pp. 428-438.

Bauer, G. 2001. Characterization of the Unionoida (=Naiads). In: Bauer G. and Wachtler K. (eds.). Ecology and Evolution of the Freshwater Mussels Unionoida (Ecological Studies vol. 145). pp. 3-4. Springer-Verlag, Berlin.

Benson W.H. 1850. Characters of nine new or imperfectly described species of *Planorbis* inhabiting India and China. *The Annals and magazine of natural history; zoology, botany, and geology*, ser. 2, vol. 5, no. 29, pp. 348-582.

Binney A. 1840. A Monograph of the Helices inhabiting the United States. *Boston Journal of Natural History*, vol. 3, no. 4, pp. 405-437.

Bourguignat J.R. 1860. Catalogue des mollusques de la famille des Paludinees recueillis, jusqu'a ce jour, en Siberie et sur le territoire de l'Amour. *Revue et Magasin de Zoologie*, ser. 2, vol. 12, pp. 531-537.

Britton K.M. 1984. The Onchidiacea (Gastropoda, Pulmonata) of Hong Kong with a worldwide review of the genera. *Journal of Molluscan Studies,* vol. 50, Issue 3, pp. 179-191.

Burch J.B. and Jung Y. 1987. A new freshwater prosobranch snail (Mesogastropoda: Pleuroceridae) from Korea. *Walkerana*, vol. 2, no. 8, pp. 187-193.

Burch J.B., Chung P.R. and Jung Y. 1987. A guide to the freshwater snails of Korea. *Walkerana*, vol. 2, no. 8, pp. 195-232.

Cantor T. 1842. General feature of Chusan with remarks on the flora and fauna of that island. *The Annals and magazine of natural history; zoology, botany, and geology*, ser. 2, vol. 9, no. 58, pp. 265-278; no. 59, pp. 361-370; no. 60, pp. 481-493.

Choe B.R. 1986. The ecological and faunal study on the benthic animals in the lower reaches of the Yonsan river. *Bulletin of Korean Association for Conservation of Nature*, Issue 8, pp. 25-42.

Choe B.R. and Park J.K. 1997. Class Gastropoda. In: The Korean Society of Systematic Zoology (ed.). List of Animals in Korea (excluding insects). Academy Publishing Co., Seoul.

Choi K.C. and Choi S.S. 1965. Ecological Studies on the *Lamprotula coreana* (1). *Korean Journal of Zoology,* vol. 8, no. 2, pp. 67-104.

Chung P.R. 2003. Freshwater Molluscs in Korea. Yunhaksa, Seoul.

Collinge W.E. 1901. Description of some new species of slug collected Mr. H. Fruhstofer. *Journal of Malacology*, vol. 8, no. 4, pp. 118-121.

Deshayes G.P. 1830-32. Tableau encyclopédique et méthodique des trois règnes de la nature. Vingt-uniéme partie [part 21], Mollusques testacés 2. pp. 256.

Donovan E. 1823-27. The naturalist's repository, or miscellany of exotic natural history, exhibiting (...) specimens of foreign birds, insects, shells etc. 5 vols. London. * Reissued with emendations (1834).

D'Orbigny A. 1834-47. Voyage dans l'Amérique Méridionale exécutépendant les années 1826, 1827, 1828, 1829, 1830, 1831, 1832 et 1833, Tome 5, Partie 3, Mollusques. pp. 758.

Draparnaud J.P.R. 1805. Histoire naturelle des mollusques terrestres et fluviatiles de la France (ouvrage posthume). pp. 134. Paris.

Dunker W. 1856. Mytilacea nova collectionis Cuminginae. *Proceedings of the Zoological Society of London*, pt. 24, pp. 358-366.

Fukuda H. and Ekawa K. 1997. Description and anatomy of a new species of the Elachisinidae (Caenogastropoda: Rissooidea) from Japan. *The Yuriyagai*, vol. 5, no. 1-2, pp. 69-88.

Gmelin J.F. (ed.) 1791. Caroli a Linne, Systema naturae per regna tria naturae (13th ed.). vol. 1, pt. 6, pp. 3021-3910. Leipzig, Germany.

Gould A.A. 1859-61. Descriptions of shells collected in the North Pacific Exploring Expedition under Captains Ringgold and Rodgers. *Proceedings of the Boston Society for Natural History*, vol. 6, pp. 422-426; vol. 7, pp. 40-45, 138-142, 161-166 (1859); vol. 7, pp. 323-336, 337-340, 382-384 (1860); vol. 7, pp. 385-389, 401-409; vol. 8, pp. 14-32, 33-40 (1861).

Gredler V. 1881. Zur Conchylienfauna von China, II Stück. *Jahrbücher der Deutschen Malakozoologischen Gesellschaft*, Jahrg. 8, pp. 10-33, pl. 1, fig. 7.

Gredler V. 1884. Zur Conchylien-Fauna von China, VI Stück. *Archiv für Naturgeschichte*, Jahrg. 50, Bd. 1, pp. 257-280, pls. 16.

Griffith E. and Pidgeon E. 1834. The Mollusca and Radiata. In: Griffith E. and others. 1827-35. The Animal Kingdom by Cuvier with additional descriptions of all the species hitherto named and many not before noticed. vol. 12, pp. viii+601, pls. 60. London.

Gude D.K. 1901. A third report on helicoid landshells from Japan and the Loo-Choo Islands. *Proceedings of the Malacological Society of London*, vol. 4, pp. 191-201, pls. 19-21.

Habe T. 1942. Classification of Japanese Assimineidae. *Venus*, vol. 12, no. 1-2, pp. 32-56, pls. 1-4.

Habe T. 1946a. On the radulae of Japanese marine gastropods (3). *Venus*, vol. 14, no. 5-8, pp. 190-199. tfs. 1-23.

Habe T. 1946b. A new brackish water snail *Assiminea estuarina* sp. nov.. *Venus*, vol. 14, no. 5-8, pp. 217-218. figs. 2.

Habe T. 1961. Descriptions of fifteen new species of Japanese shells. *Venus*, vol. 21, no. 4, pp. 416-431, figs. 1-6.

Habe T. 1964. Two new land snails from Japan. *Venus*, vol. 23, no. 1, pp. 39-42, tfs. 1-5.

Habe T. 1977. Systematics of Mollusca in Japan: Bivalvia and Scaphopoda. pp. xiii+372, pls. 72. Hokuryukan, Tokyo.

Hass F. 1969. Das Tierreich, Eine Zusammenstellung und Kennzeichnung der rezenten Tierformen: Superfamilia Unionacea (Lfg. 88). pp. 663. Walter de Gruyter & Co., Berlin.

Heude P.M. 1875-85. Conchyliologie Fluviatile De La Province De Nanking Et De La Chine Centrale. 10 vols. Librairie F. Savy, Paris.

Heude P.M 1882-90. Notes sur les mollusques terrestres de la Vallée du Fleuve Bleu. Mémoires de l' Histoire naturelle de l' Empire chinois vol. 1, cahier 2, pp. 2+87, pls. 12-21 (1882); cahier 3, pp. 89-132, pls. 22-32 (1885); caheir 4, pp. 125-188, pls. 33-43 (1890). Imprimerie de la Mission catholique, Chang-Hai.

Hirase S. (ed.) 1927. Figuraro de Japanaj Bestoj. pp. 1395. Hokuryukwan Co., Ltd., Tokyo.

Hirase Y. 1908. Two new *Macrochlamys* from Japan and Korea. *The Conchological Magazine*, vol. 2, no 10, pp. 55-56.

Hutton T. 1849. Notice of some land and freshwater shells occurring in Afghanistan. *The Journal of Asiatic Society of Bengal*, vol. 18, pt. 2, pp. 649-661.

Je J.G. 1989. Korean names of Molluscs in Korea. *Korean Journal of Malacology,* Suppl. 1, pp. 1-90.

Jochum A., Prozorova L., Sharyi-ool M. and Pall-Gergely B. 2015. A new member of troglobitic Carychiidae, *Koreozospeum nodongense* gen. et. sp. (Gastropoda, Eupulmonata, Ellobiodea) is described from Korea. *ZooKeys,* 517, pp 39-57.

Jonas J.H. 1845. Neue Conchylien. *Zeitschrift für Malakozoologie*, Jahrg. 2, pp. 168-173.

Kang Y.S. (ed.). 1971. Nomina Animalium Koreanorum (3). pp. 180. Hyang Moon Co., Seoul.

Kawabe, K. 1992. On Ellobiids of Japan: some species and their habitats and distribution ranges. *Kakitsubata* [*Journal of the Nagoya Shell Club*], no. 18, pp. 6–12.

Kim J.J. 1988. Morphological and Taxonomical studies on the Family Bithyniidae (Mollusca: Prosobranchia). Ph. D. dissertation, pp. 296. The Yonsei Univ., Seoul, Korea.

Kim J.J. 1989. Morphological Observations on Shells and Operculums of eight Bithyniids. *Korean Journal of Malacology*, vol. 5, no. 1, pp. 42-56.

Kondo T., Yang H. and Choi H.S. 2007. Two New Species of Unionid Mussels (Bivalvia: Unionidae) from Korea. *Venus,* vol. 66, no. 1-2, pp. 69-73.

Kuroda T. 1908. Collecting land snails in Quel Part island, *The Conchological Magazine*, vol. 2, no. 6, pp. 25-29.

Kuroda T. 1929. On Japanese melanians. *Venus*, vol. 1, no. 5, pp. 179-193, pl. 4.

Kuroda T. 1936. Conchological news, with preliminary reports of new species. *Venus*, vol. 6, no. 3, pp. 168-174.

Kuroda T. 1947. Mollusca (Gastropoda, Scaphopoda and Pelecypoda). In: Uchida K. (ed.), Illustrated Encyclopaedia of the Fauna of Japan (rev. ed.). pp. 1028–1262. Hokuryukan Co., Ltd., Japan.

Kuroda T. 1958. On the more species of *Assiminea* from Japan (a freshwater gastropodous genus). *Venus,* vol. 20, no. 1, pp. 16-22.

Kuroda T. and Hukuda M. 1944. Notes on the land snails of Ullung Island. *Venus*, vol. 13, no. 5-8, pp. 206-228, pls. 5-6.

Kuroda T. and Miyanaga M. 1936. Conchological news, with preliminary reports of new species. *Venus*, vol. 6, no. 3, pp. 168-174.

Kuroda T. and Miyanaga M. 1939. New land shells from northern Tyosen (Korea). *Venus,* vol. 9, no. 2, pp. 66-85.

Kuroda T. and Miyanaga M. 1943a. Land snail fauna of Kyobun-to (Port Hamilton) Korean Archipelaga, *Venus*, vol. 12, no. 3-4, pp. 119-129.

Kuroda T. and Miyanaga M. 1943b. Notes on land snails from Tyosen (Korea). *Venus*, vol. 12, no. 3-4, pp. 130-138.

Kwon O.K. 1990. Illustrated Encyclopedia of Fauna and Flora of Korea vol. 32 Mollusca (I). Ministry of Education.

Kwon O.K. and Habe T. 1979. A List of Non Marine Molluscan Fauna of Korea. *Korean Journal of Limnology,* vol. 12, no. 1-2, pp. 25-33.

Kwon O.K. and Habe T. 1980. *Satsuma myomphala* (Martens), New to Korea. *Venus*, vol. 38, no. 4, p. 277.

Kwon O.K. and Lee J.S. 1991. New Land Snails in Korea. *Korean Journal of Malacology*, vol. 7, no. 1, pp. 1-11.

Kwon O.K., Lee J.S. and Park G.M. 1987. The studies on the mollusks in the lake Uiam (7) - A study on the gonadal tissue and demibranchs of *Corbicular fluminea*. *Korean Journal of Limnology,* vol. 20, no. 1, pp. 30-38.

Kwon O.K., Min D.K., Lee J,R., Lee J.S., Je J.K., and Choe B.L. 2001. Korean Mollusks with Color Illustration. pp. 332. Hanguel Publishing Co., Busan.

Kwon O.K., Park G.M., and Lee J.S. 1993. Coloured Shells of Korea. pp. 445, Academy Co., Seoul.

Lea I. 1834. Observation on the Naiads; and Description of New Species of that and other Families. *Transactions of American Philosophical Society*, vol. 5 (New Series), pp. 23-119, pls. 1-19.

Leach W.E. 1814. The Zoological Miscellany: Being descriptions of new, or interesting animals. vol. 1, pp. 144, pls. 60. London.

Lee B.D. 1956. The catalogue of Molluscan Shell of Korea. *Bulletin of Pusan Fisheries College,* vol. 1, no 1, pp. 53-100.

Lee J.S. 2009. Rediscovery of *Sinotaia quadrata* (Architaenioglossa: Viviparidae) of Kumpung Reservoir in the Jellabuk-do, Korea. *Korean Journal of Malacology,* vol. 25, no. 3, pp. 243-245.

Lee J.S. 2015. National List of Species of Korea (Invertebrate - VI). pp. 206. NIBR, Korea.

Lee J.S. 2016. List of Korean Mollusks. Malacological Society of Korea.

Lee J.S. and Lee Y.S. 2008. Re-description *Pisidium* (*Neopisidium*) *coreanum* (Veneroida: Sphaeriidae) from Korea. *Korean Journal of Malacology*, vol. 24, no. 2, pp. 93-96.

Lee J.S. and Lee Y.S. 2014. National List of Species of Korea (Invertebrate V). pp. 233, NIBR, Korea.

Lee J.S. and Min D.K. 2002. A Catalogue of Molluscan Fauna in Korea. *Korean Journal of Malacology,* vol. 18, no. 2, pp. 93-217.

Lee J.S. and Min D.K. 2009. New records of brackish water snail, *Iravadia* (*Fluviocingula*) *elegantula* (Sorbeoconcha: Iravadiidae), in Korea. *Korean Journal of Malacology*, vol. 25, no. 3, pp. 211-212.

Lee J.S. and Min D.K. 2018. One New Land Snail of Family Enidae from Korea. *Korean Journal of Malacology*, vol. 34, no. 2, pp. 121-123.

Martens E. von. 1861. Die Japanischen Binnenschnecken im Leidner Museum. *Malakozoologische Blätter*, Bd. 7, pp. 32-61.

Martens E. von. 1865. Description of new Species of Shells. *The Annals and magazine of natural history; zoology, botany, and geology*, ser. 3, vol. 16, no. 96, pp. 428-432

Martens E. von. 1877. Uebersicht über die von den Herren Hilgendorf und Dönitz in Japan gesammelten Binnemollusken. *Sitzungsberichte der Gesellschaft Naturforschender Freunde zu Berlin*, 17 Apr. 1877, pp. 97-123.

Martens E. von. 1877-89. Die Gattung Neritina In: Küster H.C. (ed.) Systematisches Conchylien-Cabinet von Martini und Chemnitz, Bd. 2, Abt. 10, pp. 1-303, pls. 1-23; Bd. 2, Abt. 11, pp. 1-64, pls. 4-8.

Martens E. von. 1886. Vorzeigungen einiger der von Dr. Gottsche in Japan und Korea gesammelten Land- und Süsswasser-Mollusken. *Sitzungsberichte der Gesellschaft Naturforschender Freunde zu Berlin,* 18 May 1886, pp. 76-78.

Martens E. von. 1894. Neue Süsswasser- Conchylien aus Korea. *Sitzungsberichte der Gesellschaft Naturforschender Freunde zu Berlin,* 16 Oct. 1894, pp. 207-217.

Martens E. von. 1905. Koreanische Süsswasser-Mollusken. *Zoologischen Jahrbüchern*, Suppl. 8, pp. 23-70, pls. 1-3.

Middendorff O.F. 1887. Die Landschnecken von Korea. *Jahrbücher der Deutschen Malakozoologischen Gesellschaft*, Jahrg. 14, pp. 9-22, pl. 2, figs 1-4.

Min D.K., Lee J.S., Koh D.B. and Je J.K. 2004. Mollusks in Korea. Min Molluscan Research Institute. Seoul.

Miyanaga M. 1942. Kawanina snails of the *Semisulcospira* from Korea. *Chōsen Hakubutsu Gakkai Zasshi* [*Journal of Chosen Natural History Society*], vol. 9, no. 36, pp. 114-130.

Mochida O. 1991. Spread of freshwater *Pomacea* Snails (Pilidae, Mollusca) from Argentina to Asia. *Micronesia*, Suppl. 3, pp. 51-62.

Morelet A. 1875. Séries conchyliologiques comprenant l'énumeration de mollusques, terrestres et fluviatiles receuillis pendant le cours de différents voyages ainsi que la description de plusieurs espèces nouvelles. livr. 4, Indo-Chine. Paris.

Müller O.F. 1774. Vermium terrestrium et fluviatilium, seu animalium infusoriorum, helminthicorum et testaceorum, non marinorum, succincta histotia. Heineck et Faber, Havniae et Lipsiae.

Okamoto A. and Arimoto B. 1986. Chromosomes of *Corbicula japonica, C. sandai* and *C.* (*Corbiculina*) *leana* (Bivalvia: Corbiculidae). *Venus*, vol. 45, no. 3, pp. 194-202.

Park G.M. and Kwon O.K. 1993. A comparative study of morphology of the freshwater Unionidae Glochidia in Korea. *Korean Journal of Malacology,* vol. 9, no. 1, pp. 46-62.

Park J.K., Lee J.S. and Kim W. 1989. A single mitochondrial lineage is shared by morphologically and allozymatically distinct freshwater *Corbicula* clones. *Molecules and Cells*, vol. 14, no. 2, pp. 318-322.

Pfeiffer L. 1846. Die Schnirkelschnecken (Gattung Helix) in Abbildungen nach der Natur. In: Sytematisches Conchylien-Cabinet, Bd. 1, Abt. 12, Teil 2, pp. 291-524. Bauer und Raspe, Nürnberg.

Pfeiffer L. 1850a. Beschreibungen neuer Landschnecken. *Zeitschrift für Malakozoologie*, Jahrg. 7, Nr. 5, pp. 65-80.

Pfeiffer L. 1850b. Beschreibungen neuer Landschnecken. *Zeitschrift für Malakozoologie*, Jahrg. 7, Nr. 6, pp. 81-96.

Pfeiffer L. 1850c. Beschreibungen neuer Landschnecken. *Zeitschrift für Malakozoologie*, Jahrg. 7, Nr. 10, pp. 145-160.

Pfeiffer L. 1854 Descriptions of seven species of Cyclostomacea and Auriculacea from the Mr. Cuming's collection, *Proceedings of the zoological Society of London*, pt. 22, pp. 150-152.

Pfeiffer L. 1855. Drei neue Auriculaceen. *Malakozoologische Blätter*, Bd. 2, pp. 7-8.

Pilsbry H.A. (ed). 1889-1935. [G.W. Tryon's] Manual of conchology, structural and systematic (Second series: Pulmonata), vols. 5-28.

Pilsbry H.A. 1894. Notices on new Japanese mollusks, Part 2-4. *The Nautilus*, vol. 8, no. 1, pp. 9-10.

Pilsbry H.A. 1900a. Additions to the Japanese land snail fauna. *Proceedings of the Academy of Natural Sciences of Philadelphia*, vol. 51. pp. 525-530, pl. 21.

Pilsbry H.A. 1900b. Notices of new Japanese Land Snails. *Proceedings of the Academy of Natural Sciences of Philadelphia*, vol. 52, pp. 381-384.

Pilsbry H.A. 1900c. Notices of some new Japanese mollusks. *The Nautilus*, vol. 14, no. 1, pp. 11-12.

Pilsbry H.A. 1900d. On some Japanese land snails. *The Nautilus*, vol. 14, no. 5, pp. 59-60.

Pilsbry H.A. 1901a. New Mollusca from Japan, the Loo Chou Island, Formosa, and the Philippines. *Proceedings of the Academy of Natural Sciences of Philadelphia*, vol. 53, pp. 193-210.

Pilsbry H.A. 1901b. New Land Mollusca from Japan and the Loo Choo Islands, *Proceedings of the Academy of Natural Sciences of Philadelphia*, vol. 53, pp. 344-353.

Pilsbry H.A. 1901c. New Japanese Marine, Land and Fresh-water Mollusca. *Proceedings of the Academy of Natural Sciences of Philadelphia*, vol. 53, pp. 385-408, pls. 19-21.

Pilsbry H.A. 1901d. New Land Mollusks of Japanese empire. *Proceedings of the Academy of Natural Sciences of Philadelphia.* vol. 53, pp. 562-567, 614-616.

Pilsbry H.A. 1904a. New Japanese marine Mollusca; Gastropoda. *Proceedings of the Academy of Natural Sciences of Philadelphia.* vol. 56, pp. 3-37, pls. 1-6.

Pilsbry H.A. 1904b. New Japanese marine Mollusca; Pelecypoda. *Proceedings of the Academy of Natural Sciences of Philadelphia.* vol. 56, pp. 550-561, pls. 39-41.

Pilsbry H.A. 1908. Two genera of land snails new to Japan and Korea. *The Conchological Magazine*, vol. 2, no. 8, pp. 39-42.

Pilsbry H.A. 1924. On some Japanese land and fresh water mollusks. *Proceedings of the Academy of Natural Sciences of Philadelphia.* vol. 76, pp. 11-13, figs. 3.

Pilsbry H.A. 1926. Review of the land mollusca of Korea. *Proceedings of the Academy of Natural Science of Philadelphia*, vol. 78, pp. 453-475.

Pilsbry H.A. 1927. Review of Japanese land mollusca-I. *Proceedings of the Academy of Natural Science of Philadelphia*, vol. 79, pp. 13-20.

Pilsbry H.A. and Hirase Y. 1904a. Descriptions of new Japanese land shells. *The Nautilus*, vol. 17, no. 10, pp. 116-118

Pilsbry H.A. and Hirase Y. 1904b. Descriptions of new land snails of the Japanese empire. *Proceedings of the Academy of Natural Science of Philadelphia*, vol. 56, no. 3, pp. 616-638.

Pilsbry H.A. and Hirase Y. 1908a. New land snails from Corea. *The Conchological Magazine*, vol. 2 no. 4, pp. 15-18.

Pilsbry H.A. and Hirase Y. 1908b. Land shells of Quelpart Island (Korea). *The Conchological Magazine*, vol. 2, no. 11, pp. 59-64, pl. 4.

Pilsbry H.A. and Hirase Y. 1908c. New land mollusca of the Japanese Empire. *Proceedings of the Academy of Natural Sciences of Philadelphia*, vol. 60, pp. 586-599.

Pilsbry H.A. and Hirase Y. 1909. Descriptions of new Korean land shells. *The Conchological Magazine*, vol. 3, no. 2, pp. 9-13, pl. 5.

Prime T. 1864. Notes on Species of the Family Corbiculidae, with Figures. *Annals of the Lyceum of Natural History of New York*, vol. 8 (1867), pp. 57-92.

Reeve L.A. (ed.) 1843-1865. Conchologia Iconica, figures and descriptions of the shells of mollusks; with remarks on their affinities, synonymy, and geographical distribution. vols. 1-15.

Reeve L.A. 1860-1863. Monograph of the genus *Anatina.* In: L.A. Reeve, (ed.), Conchologia iconica, vol. 14, pls. 4 (pl. 2 Dec. 1860; pls. 1, 3-4, Feb. 1863).

Reinhardt O. 1877. Sitzungs-Bericht der Gesellschaft naturforschender Freunde zu Berlin. *Sitzungsberichte der Gesellschaft Naturforschender Freunde zu Berlin*, 17 Apr. 1877, pp. 85-140.

Reinhardt O. 1883. Uber einige von Hungerford gesammelte japanische Hyalinen. *Sitzungsberichte der Gesellschaft Naturforschender Freunde zu Berlin*, 22 May 1883, pp. 82-90.

Schmacker B. and Böttrer O. 1891. Neue Materialien zur Charakteristik und geographischen verbreitung chinesischer und japanischer Binnenmollusken II. *Nachrichtsblatt der Deutschen Malakozoologischen Gesellschaft*, Jahg. 23, pp. 145-194.

Shiba, N. 1934. A catalogue of the mollusca in Chosen(Corea). *Chōsen Hakubutsu Gakkai Zasshi* [*Journal of Chosen Natural History Society*], no. 18, pp. 6-31.

Sowerby G.B.II. (ed.) 1847-87. Thesaurus conchyliorum or monographs of genera of shells. 5 vols. London.

Turgeon D., Quinn J., Bogan A., Coan E., Hochberg F., Lyons W., Mikkelsen P., Neves R., Roper C., Rosenberg G., Roth B., Scheltema A., Thompson F., Vecchione M. and Williams J. 1998. Common and Scientific Names of

Aquatic Invertebrates from the United States and Canada: Mollusks. (2nd ed.). American Fisheries Society, Special Publication 26. Bethesda, Maryland.

Villa A.B. and Villa J.B. 1841. Dispositio Systematica Conchyliarum terrestrium et fluviatilum quae adservantur in collectione fratrum. pp. 62. Borroni et Scotti, Mediolani [Milan, Italy].

Westerlund C.A. 1883. Von der Vega-Expedition in Asien gesammelte Binnenmollusken. *Nachrichtsblatt der Deutschen Malakozoologischen Gesellschaft,* Jahrg. 15, pp. 48-59.

Yokoyama M. 1927a. Mollusca from the upper Musashino of Tokyo and its suburbs. *Journal of the Faculty of Science, Imperial University of Tokyo*, sec. 2, vol. 1, pt. 10, pp. 391-437, pls. 46-50.

Yokoyama M. 1927b. Mollusca from the upper Musashino of Western Shimosa and Southern Musashi. *Journal of the Faculty of Science, Imperial University of Tokyo*, sec. 2, vol. 1, pt. 10, pp. 439-457. pls. 51-52.

Yokoyama M. 1927c. Fossil mollusca from Kaga. *Journal of the Faculty of Science, Imperial University of Tokyo*, sec. 2, vol. 2, pt. 4, pp. 165-182, pls. 47-49.

Yoo J.S. 1976. Korean Shell in Color (6th ed.). pp. 196, Iljisa Co., Seoul.

강원도교육청. 1995. 강원의 자연 (연체동물 편). 강원도교육청. 춘천.

이준상. 2016. 한국의 연체동물 (우리말 이름과 분류체계). 한국패류학회.

이준상, 민덕기. 2005. 우렁이와 달팽이. 도서출판 한글. 부산.

찾아보기

국명

ㅇ

ㅈ

ㅊ

영명

A

B

C

D

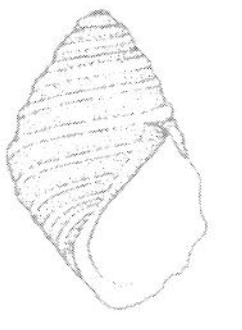